四十岁后才明白

人到中年的活法

老叨 著

中国华侨出版社

图书在版编目（CIP）数据

四十岁后才明白：人到中年的活法 / 老叨著 . —北京：
中国华侨出版社，2017.11
ISBN 978-7-5113-7065-5

Ⅰ . ①四… Ⅱ . ①老… Ⅲ . ①成功心理—通俗读物
Ⅳ . ① B848.4–49

中国版本图书馆 CIP 数据核字（2017）第 231368 号

四十岁后才明白：人到中年的活法

著　　者 / 老　叨

责任编辑 / 晓　棠

责任校对 / 高晓华

经　　销 / 新华书店

开　　本 / 670 毫米 × 960 毫米　1/16　印张 /18　字数 /240 千字

印　　刷 / 三河市华润印刷有限公司

版　　次 / 2017 年 11 月第 1 版　2017 年 11 月第 1 次印刷

书　　号 / ISBN 978-7-5113-7065-5

定　　价 / 38.00 元

中国华侨出版社　北京市朝阳区静安里 26 号通成达大厦 3 层　邮编：100028

法律顾问：陈鹰律师事务所

编辑部：（010）64443056　　64443979

发行部：（010）64443051　　传真：（010）64439708

网　址：www.oveaschin.com

E-mail：oveaschin@sina.com

前言

日月如梭，光阴荏苒，穿过苍苍的蒹葭，踏着为霜的白露，不知不觉中已到了中年。

人到中年，身体不再那么挺直，甚至稍微有点前倾，有人戏谑为"曲线美"；头发少许花白，自嘲为"灰色的浪漫"；戴上了100度的花镜，自娱为"学者风度"。不论怎样戏谑、怎样自嘲，我们都应该更加爱护自己的身体，因为身体是革命的本钱，对于作为家庭支柱的中年人来说，尤其如此。

人到中年，或许会失去几分浪漫，却能多些冷静的思考。如果少年是多梦的玫瑰花，中年则是一棵根深叶茂的树，这棵树长期长在现实的土壤里。不论是男人还是女人，都应该从这现实的土壤里汲取营养。中年男人应该更有气质，更幽默豁达；中年女人应该更有魅力，风姿更绰约。

中年男人的尴尬也如白开水般一目了然：上有年逾古稀的父母，下有需要供养的子女，中间还有妻子，不少又不俏，感情已经趋于平淡。

尽管如同老驴拉磨，走不完的生活圈圈，重复枯燥，周而复始，无穷无尽，尽管我们身累心也累，但对于父母、孩子和妻子，我们还是要事事考虑，方方面面照顾。因为这是岁月在我们身后留下的一串串脚印，这是从我们心底涌出的一首首难忘的歌！

中年的婚姻平淡，无奈得如同嚼蜡，还有时爱情的港湾风起云涌，但我们在平淡中和诱惑中谨守最初的爱的诺言。尽管锅碗瓢盆交响曲代替了"糊涂的爱"，柴米油盐代替了"探戈""华尔兹"；苦辣酸甜代替了"想你，想你，甜蜜蜜"！但我们依然有办法为这褪了色的婚姻重新染色，而且染得更加绚丽、更加多彩，更加醇美。

中年的生活，不是浓烈的美酒，不是味道怪异的可乐，而是无滋无味、无色无形的白开水，明知清淡，但还必须天天喝。那是因为我们知道了必须在平淡中享受生活。

中年的事业已经如日中天，也或者依然黯淡无光。但我们相信成功无止境，有志不在年龄。我们依然去奋斗拼搏，依然去寻求成功的喜悦。但这拼搏、这喜悦多了沉稳、多了通达。因此看着比自己强不了多少的人当了领导，我们也不去抱怨；看着别人先于自己成功，我们也不会心生妒忌。因为人到中年讲究实际，不偏不倚是处世的准则，不温不火是保持的脾气，不急不躁是生活的外观。

中年的我们，有的已经赚足了钱，也有的还在羡慕别人鼓起的钱包。但无论如何我们更明白了钱之为钱，不在多少，而在我们需要多少。

有钱的不应去炫耀，无钱的可以去理财。

经历了岁月的冲刷，中年是对前半生的回顾和总结，于是产生了悟性。悟性大于明智，唯明智到家者方称为悟性。悟性是中年始有的大境界，悟性是经历了大起大落、大喜大悲之后的通透，悟性是大智若愚、大音稀声的浓缩，悟性是历尽沧桑、饱经磨难之后的愉悦，悟性是面对绳索加身、痛楚加心的从容，悟性是临危不惧、处险不惊的镇定，悟性是指挥若定、成竹于胸的成熟，悟性是不卑不亢、不凉不热的神态，悟性是不偏不倚、不骄不躁的稳重，悟性是抛却了幼稚、又多少有些孤高的风度，悟性是一块磨砺性格的砺石，更是事业再上一层楼的阶梯。湍急的溪流汇成了江河，火中的凤凰终于涅槃。人到中年，也唯有到了中年才能够具备资格登上智慧理想的殿堂！

中年的树不会凋零，还要继续抽枝发芽，因为我们相信人生处处是起点。

目录
Contents

Part 3
魅力规划：气质转变与心态调整

Part 4
赡养和抚养规划：上有老下有小

Part 5
婚姻规划：给褪了色的婚姻染色

Part 9

心灵规划：谁的心态好，谁就走得远

——Part 1——

人到中年：生命中的转折点

最残忍的是光阴，它就这样轻易地从生活的一丝一缝中悄悄滑过，几乎不留半点痕迹，留下的只是不堪回首的如缕的记忆。当已迈入四十的你，在一个睡眠不足的早晨突然醒来，你会发现，那"早岁不知世事艰"没有半点牵挂的幸福，那"少年不知愁滋味"的无忧无虑，再也不会属于你了。属于你的，只是渐渐长大学会和你顶嘴的孩子，年迈的父母和他们的病痛，逐渐寡淡的夫妻生活，日常生活的柴米油盐，总是有事找你的亲朋故旧，不敢推却的事业上的应酬，由盛转衰的身体。每走一步都要瞻前顾后，再也没有闲散的一天可以清净地享受清新的空气和明媚的阳光……是的，这就是此时属于四十岁的你的一切。不觉间，盛夏的大幕已经为你拉下，刮起了秋风，天气渐有一丝冷意，万事都写满了隐忧，"怎一个愁字了得"！

1. 四十岁是一个拥挤的瓶颈

每个人在进入四十岁时，都会出现一个人生最拥挤的瓶颈状态，一旦在这时找不到突破口，生活中的每一个环节都可能会让自己备受折磨。从表面上看，进入四十之后的这种拥挤的"瓶颈"状态的出现表明的是人生进行得不是很顺利，但也正是这个"瓶颈"时期给我们一个人生的新挑战，也给我们提供了一个最好的反思人生的机会。

"瓶颈"，也称"瓶颈效应"，一般用来形容事情在发展过程中所遇到的停滞不前的状态。就像瓶子的颈部，这种状态是一个关口，再往上便是出口，但是如果没有找到正确的方向，也有可能一直被困在瓶颈处。长时间处于这种状态会使得各种相关事件也会难以取得进展，甚至前功尽弃。

基本上，每一个人都会遇到自己的"瓶颈"期，处理得好，便找到新的发展出口，取得更大的成功，但是也有很多人在这个时期放弃了突出重围的努力，到最后葬送了自己的前程。

人到了四十岁，刚刚从意气勃发的青年步入中年，这是人一生中最容易出现瓶颈的阶段。瓶颈可以出现在事业上，可以出现在家庭财务上，可以出现在婚姻上，也可以出现在人际交往上，甚至出现在心态转变上、价值观和世界观的转变上，更有甚者，会同时出现在生活的方方面面上。可以说进入四十岁就是进入了一个人生最拥挤的瓶颈。一旦找不到突破口，生活的每一个环节都会让自己备受折磨。

刚过四十的刘女士生活在北京，她有一个 15 岁的女儿，住在乡下的公公婆婆渐老，被老公接过来一起生活，从此后她开始真正感受到生活的压力。以前是三口之家，女儿读的是寄宿学校，只有周末在家，因此不想煮饭就和同事一起 AA 制随便吃些快餐，实在不行去朋友家蹭饭，反正总混得下去。可现在不行了，即使自己心情不好不想吃，也得考虑公婆，硬着头皮也得做饭。

刘女士是一家外企的财务经理，她是从一般的会计一步一步做到现在的财务经理位置的。但是自从公公婆婆和自己一起生活后，她对工作就不能像从前那样积极了，本来还想趁着自己相对年富力强跳槽到一家更大的公司，但突然觉得没有那多精力去面对更为繁重的工作了。最近公司将与另一家公司合并，人员也要重组，原来两家公司的3个财务经理只需要一个，刚刚安于现状的刘女士这才发现自己的竞争力跟别人比起来不强，工作也有一种力不从心的感觉。此时，她处于进退两难的状态。

工作中的这些不愉快和压力，回家也不能向谁倾诉，因为公公婆婆说方言，和自己语言不通，难于交流，即使说上几句也难以说个明白。老公又是一个极其热爱事业的人，经常出差或忙于各种应酬，在家的时间非常少。而且公婆面前，刘女士再也不能像以前任意妄为，不愉快就和老公闹闹发泄一通也就好了。现在就算是两人真吵架也得偷偷的，生怕被公婆听见，惹出更多的事来。刘女士心中有说不出的郁闷，感觉生活没意思透了！

婆媳关系也是一言难尽，本就生活在有天壤之别的两个世界的两个女人，而且语言不通，加之年龄有别，代沟极深，因此除了吃喝拉撒睡和共同关心着自己的老公和女儿外，就别无任何交流。两人虽然不至于水火不容，但是毕竟谁也不能习惯谁，心中多少有些芥蒂，以至于经常会闹出些不愉快的事情。

当然，工作的事没什么大不了，毕竟有着外企资历的刘女士即便是换一家企业也是轻而易举。但加上日常生活中的这些小事，就让刘女士觉得自己非常倒霉，常常哀叹，无法自拔。才不到3个月的时间，她就觉得难于为继，感觉以前生活的幸福感一点点被蚕食，喜欢文学的她常引用张爱玲的比喻：生活是一件华美的袍，上面爬满虱子。我们的美好生活不就是被这些不经意的小事给破坏掉了吗？她感觉自己的日常生活处于一个可怕的瓶颈，需要找到的一个突破口去重新找回日常生活和事业的幸福感。

除了这些事业和日常小事的瓶颈，让刘女士想不到的是他们马上又要面临更为严重的瓶颈！

本来，刘女士和老公两人的收入在北京不松不紧也算过得下去吧，但因为公公婆婆搬过来后需要换一个大一点的房子，加之又要装修，多年的积蓄所剩无多，刘女士就觉得挺困难了。接着，刘女士的爸爸又病了，胃癌晚期！这意想不到的事也是没办法的事，一场手术下来加上化疗等各项费用惊人不说，人也没能留得住，过程自然是不堪回首。孝顺的刘女士觉得在这时候不应该谈到钱，但这也是必须要面对的问题，虽然费用是兄弟姐妹们平摊的，但经济又紧张了不少。

更让她意料不到的是，刚刚送走了父亲，接着公公也腰疼得直不起来了，一检查说是腰椎间盘突出，可能要手术，手术费大概要五万多。更让她郁闷的是，和老公商量这事的时候，老公总是以一种戒备心理来对自己，好像担心自己不想让公公做手术似的。

刘女士一肚子委屈，其实她是这样想的：医生也只是说可能要做手术，最终是否需要得先做理疗看看、观察一下，她想的是尽量不做，一是年龄的问题，公公已经是73岁了；二来这个病不是非做手术不可的；三是要考虑手术的风险；四是人总是有一点私心的，能不做的话，对自己的生活也是有好处的，同时，她也想好了，真要做自己也不会反对。

但让她难过的不是这件事本身，而是整件事的过程中老公对自己的态度，他居然那么不理解自己，是那样的独断专行与冷漠，仿佛把自己看成世界上最狠心的儿媳。她回想起年轻时候的甜蜜和恩爱，觉得那样的生活再也不会回来了。本来已趋淡漠的婚姻生活又蒙上了一层阴影。为此她和老公互相不予理睬持续了近一月有余，她难以想象自己是怎么熬过来的。

但刘女士的生活还得继续，她在心里对自己说"慢慢熬吧！"

社会上不知有多少人像刘女士一样，刚刚步入四十岁这个坎，马上就感觉自己背着重重的壳在一步一步慢慢爬，而前方是一个拥挤的瓶颈。

但步入四十后的这种瓶颈状态是坏事吗？既然所有人都会步入四十岁，也绝大多数都会在这个年龄遭遇各种各样的瓶颈，那我们只能说这是一个必经的阶段。人的一生就像大海一样有波峰和浪谷，需要的是去勇敢面对接下来的人生。

表面上看，进入四十之后的这种拥挤的"瓶颈"状态的出现表明的是人生进行得不是很顺利，但也正是这个"瓶颈"时期给我们提供了一个最好的反思人生的机会。瓶颈的出现就是让你有时间去反思自己对事业的选择是不是正确，自己追求人生幸福的方式是不是最恰当。因此，孔子说"四十而不惑"，正是反思之后才会不惑，才会找到人生的另一个突破口。

2. 事业蒸蒸日上还是每况愈下

不少过了四十的中年人都会遭遇事业危机，国内外都是如此，而且不论是成功人士，还是平民百姓，概不例外，都难以逃脱这个规律。遇到事业危机各有原因，但不论是何原因都要调整好心态积极去面对，不要把"危机"当作危机，而是看作自己在中年时期的关键转折点，作为重塑自我的一个机会。

　　持续发展的重重障碍，再也没有晋升指望的职位，奋斗多年难以承受的心理疲劳，已经十分厌倦从事了十余年的行业，太多的年轻人能力出众让你有了失业的危机，让人无法接受的失业……是的，这就是进入四十岁的你所面临的事业的状态，原本激越飞扬的青春奋斗乐曲突然出现了如此众多的不和谐的音符，让你的事业再也难以像年轻的时候那样蒸蒸日上，或干脆就有了每况愈下的感觉，这样的状态就是社会学家所说的中年的事业危机。

　　具体有多大比例的中年人会遭遇事业危机，这在国内外都没有确切的统计数字，一般比较公认的说法是，大学学历以上，中年感受到事业危机的大于60%，显然，这是一个非常庞大的群体。

　　在中年事业危机中，一般最典型、最常见的就是职位升不上去了，而且换来换去，始终没有个好的职位和发展。

　　41岁的学法律的张玮在23岁大学毕业那年进入了一家新创的律师事务所，开始的几年是顺理成章的，从律师助理到专职律师，再到独立承办案件。接下来的几年风平浪静，到了第八年就升到了合伙人的位置，可谓一帆风顺。再接下的10年，尽管知名度在增高，收入也在增加，但张玮发现自己从事的工作跟10年前相比似乎没有什么区别，想进入律所的最高层领导圈子似乎很难，资历比自己高的人大有人在，而且后来的年轻人很多都有国际背景，能力出众。他开始觉得困惑了，他正处于事业的第二个十字路口，感到自己在原地踏步，工作处在一种停滞不前的状态，有时候还会发出一种"今不如昔"的感慨。

这一困境不难理解。形象地说：年轻人刚刚进入社会时，不论做什么，都是往上走，那时候人就像在山下，只要想爬就都是向上的。等到中年来临，人已经爬到一个高度，再攀顶就很难了，要经过非常残酷的淘汰。因为，中低等的职位数量非常多，新参加工作的青年人有点上进心，就很容易由低等向中等爬上去。然而，高等职位的空间就很少了，在庞大的中级人员中只能晋升几个。比如在张玮的律所里，高级合伙人和主任合伙人的位置就那么几个，所以，对绝大部分中年人来说，中层、中高层就是极限了。

另一个中年事业危机的相对典型的现象是从事职业种类过多，但始终没有在一个职业上取得成功，到了四十回头一看发现自己缺少事业定位。

刘文灵是个爱好广泛的人，在外语学院时就是学校戏剧社的社长，分到一所中学教英文后，她又迷上了装潢设计，到工艺美术学院进修了一段时间后她跟一个朋友开始搞室内设计。几年之后，她又跑到电视台干了几年节目策划，后来嫌工作太累又辞掉了。之后她又分别在一家进出口贸易的公司和一家航空货运公司待过一段时间，用"打一枪换一个地方"来形容她再合适不过了。转眼间，刘文灵都42岁了，同学和朋友们有的成了知名的翻译，有的成了小有名气的设计师，有的在电视圈呼风唤雨，只有她还在原地徘徊。看着别人在各行各业成功，她产生了心理不平衡，她急需重新找到自己的事业定位。

几乎所有的成功都是需要厚积薄发的。不管从事的是哪一种职业，都需要有一个积累和沉淀的过程；如果事业目标过于分散，没经过这个积累过程，虽然暂时可能会有一个比较好的薪酬和待遇，但是到了需要一飞冲天的时候，你的发展就会遇到障碍。对于刘文灵来说，其实无论在哪一个领域，只要她坚持下去都会有所发展，但是因为她全都半途而废了，所以她在这个位置上突破不了。

还有一种现象也很普遍，那就是突然明白做了十几年的职业并不是自己喜欢的，自己一直是在苦熬，糊里糊涂地待在现在的位置上。

萧明学的专业是人事管理，不过他对市场营销一直都很感兴趣。但是考虑到专业对口的问题，他还是在公司的人事部门待了13年。虽然已经成为人事部门的副总，但萧明一直觉得自己做的不是自己喜欢的工作，工作就是在熬日子，苦不堪言，因此工作不再有任何积极性，职位也一直无法升迁，人生好像从此停滞不前。

其实，每一个人都有自己的长处和短处，尤其是在工作上，认清自己适合干什么、喜欢干什么是最重要的，当你觉得自己总是在按部就班没有心劲去干手头的工作时，你就应该重新审视一下自己了：到底我适合不适合这个工作？到底我喜欢不喜欢这个工作？一般而言，一个人不喜欢一份工作，他的业绩虽然不见得一定糟糕，但绝对难以做到优秀。人只有在干自己真正喜欢的工作时才会迸发出激情，也因此才会取得巨大的成绩。

还有一种现象是主动放弃自己的事业追求，这一般发生在女性身上。

四十岁的马欣本来是一个工作很积极的人，但是结婚以后，为了支持丈夫的事业，渐渐就以家庭为主，尤其是孩子越长越大，需要操心的事情就越来越多。从表面上看她对待工作没有什么变化，但是真正的变化来自她的内心，她不再把工作当成是自己实现自我的途径，而是一种不得不完成的任务。这种变化可能连她自己都没有意识到。但正是这种变化使她对工作的态度不再积极向上，也正如此，她身边的同事一个个都升迁了，而她的事业还是原地踏步。

　　很多女性在心理上是首选自己的家庭的，当到了四十步入中年，家庭事务也是最复杂的时候，比如家中亲人健康状况、婚姻问题、孩子教育等等，因此不知不觉对工作的态度有所转变，失去了从前的进取心，所以到了这个时候，事业状况就有所停滞。

　　当然，不论是成功人士，还是平民百姓遇到的事业危机都各有原因，而且情况众多，如单位改制、重组、公司政策调整、国家制度改革等，都会造成一部分中年人生活的动荡；也有的因为自身知识结构老化，在竞争中越来越没有优势；还有的是因为职业特点所限，人到中年就不宜再干了……不论是什么原因，遭遇事业危机的中年人都被迫重新进行事业定位。那么怎么办？是在原位置上忍了，兢兢业业地干到退休，还是利用前半生辛苦积累的工作经验、人际关系、融资手段、家族积蓄等，异军突起地自己创业？或是转投新领域、新行业，另寻转折？如果选择前者，不仅可能心情郁闷，还有可能在长江后浪推前浪的形势下，连中级的位置都保不了；冒险创业、事业转型寻求突破的话，万一不成功，不仅后半生没有着落，甚至连前半生辛苦积累的资产地位也失去了。这真是一个两难的选择！

　　那么，应该采取什么策略，来防止中年时期的事业危机，并且为自己找一个新方向呢？简单的回答就是调整好心态去面对，不要把"危机"当作危机，而是看作自己在中年时期的关键转折点，作为重塑自我的一个机会。多数成功地在中年实现事业转型的人士都放弃了克服危机的思路，而采用了一种探索性的、跟随大势的方法。但这并不是说这条

河不需要一些航行的技巧。当有些职业转型的人士将自己的事业建立在
过去的技能和经验上时，另外一些转型的人士则抛弃了过去的一切，为
的是寻求一种梦幻般的职业发展之途。这时，做出的决定非常重要，因
为这常常要求人们做出经济上的牺牲，并且对生活的主次进行重新评估。
这样的变化，如果建立在个人的价值和深思熟虑基础上，就可以使你的
中年职业生涯得以重振。

3. 健康也亮起了红灯

身体机能的下降是四十岁的人难以逃避的一个问题，因此，作为
一个正担负着家庭与社会责任的中年人，必须要对自己的健康负责。时
刻关注自己的身体，一旦亮起了红灯，要及时调整。及时关注自己身体
的各个方面的问题，不可马虎，草率了之。中年人也正在成为各类癌症
的侵袭目标，对于各类癌症的早期征兆也要时刻关注。

俗话说："四十以前人找病，四十以后病找人。"过了四十岁，知识、
经验日益丰富，而生理开始从巅峰走向衰退。四十岁以后的人，肌肉开
始萎缩、弹性降低、收缩力减弱，骨骼也出现脱钙过程，致使骨质密度
降低，机体功能逐步衰退。加之在家要照顾父母，操心儿女；在单位是
业务骨干，同时，生活、工作压力如果再加上饮食不当和缺少锻炼，必
然使得身体状况大大下降，甚至疾病突然降临，让人防不胜防。

脱发肥胖、腰酸背痛、失眠健忘……一项调查显示，超过八成中年
人会出现各种身体不适。其中，66%的人失眠、多梦、不易入睡，经常
腰酸背痛者为62%，一干活就累的占58%，爬楼时感到吃力或记忆力

明显减退者为 57％，皮肤干燥、面色晦暗、脾气暴躁、焦急者为 48％。一些身体发胖的中年人，患糖尿病的机会比正常人高 7 倍，患高血压、高血脂的机会比正常人高 8 倍，患心脏病的机会比正常人高 50％。

当然，更严重和让人扼腕叹息的情况是英年重病。刚刚步入四十的王楠就是这种情况。他在父母眼里是个好儿子，在妻子眼里是个好丈夫，在儿子眼里是个好父亲，在同事眼里是个能干又谦逊的人。他是家庭的顶梁柱，是单位的多面手，正是别人一时一刻不能离开的人。然而，就在一天夜里突然高烧不退，咳嗽不止，而且痰迹中隐隐有些血迹。进入医院后，检查结果是早期肺癌。王楠平时工作忙，经常加班到深夜，因此，他吸烟非常多。家庭事务与工作导致的长期身体透支，加之平时不太注意身体的保养，导致了最终的恶果。虽然不至于有生命危险，但不论对于自己的人生，对于家庭，还是对于公司，都是一个不小的打击。

因此，作为一个正担负着家庭与社会责任的中年人，必须要对自己的健康负责。时刻关注自己的身体，一旦亮起了红灯，要及时调整。

具体来说，进入四十应该随时关注如下几种主要的身体健康指标。

体重指标

早期研究中发现，体重每增加 0.91 公斤，人体就会在未来 10 年增加 7％左右罹患糖尿病的概率。每增加 1 寸腰围，在未来 10 年内患上此类疾病的概率也会增加 20％。此外，研究还发现，体重还将增加关节的负荷。一个标准体重的年轻人突然发胖后，他患上骨关节炎的概率就比原来多了 3 倍。然而超重所带来的最可怕的后果是，它将导致多种癌症的发生，尤其是结肠癌和女性的绝经期后乳腺疾病。在成人期，增加 20.41 公斤左右的体重将会使患上这种乳腺疾病的概率增加两倍，而小于 20.41 公斤的体重增加则会导致患上该病的风险增加 20％。对于那些暂时脱离乳腺癌症魔爪的病人来讲，体重的上升无异于帮助旧病复发。研究显示，对这类病人来讲，体重增加 7.71 公斤之内，死亡率也将从 35% 提升到 64%。

随着年龄的增长，一般情况下人的体重将逐渐增加，尤其是年龄趋近四十左右的中年人群，更容易发福，长出"将军肚"。因此，不应将这种情况看作是正常现象，相反要时刻警惕，努力控制自己的体重。

血压指标

血压是人的生理指数，很多疾病与血压有关，高血压更是许多疾病的表现。血压高了会影响到人体内的多个脏器如心脏、肾脏、大脑等的功能，会使这些脏器功能改变，给您带来很多不健康的状况，使生活质量下降。

正常人的血压应当保持在一个正常的数值范围内。收缩压（人们常说的"高压"）不高于 16.0 千帕，舒张压（人们常说的"低压"）不高于 10.7 千帕，这是人的理想血压范围。医学家根据大量的调研数据认为，人的正常血压标准是：高压不高于 17.3 千帕，低压不高于 11.3 千帕；而高压等于或高于 18.7 千帕，低压等于或高于 12.0 千帕时，就属于高血压了！血压高了，要及时就医，按照医生的指导做进一步检查，按照医生的指导用药。

高血压是可以预防的。多种因素会影响血压，最好的办法就是改变不良生活方式。戒烟、限酒、限制食盐的摄入量（每天不超过 6g）、限制脂肪尤其是动物脂肪的摄入量；调整心情，经常处于最佳状态；培养体育锻炼的意识，"运动是健康的源泉"，选择一项适合自己的运动项目，持之以恒；身体不要超重或肥胖，保持合适的体重，起居正常，要有充足的休息和睡眠。

呼吸系统指标

正常的肺有很强的储备能力，可以满足人在最大运动时对通气量的需要。这种储备在 30 ~ 60 岁逐渐退化，如果吸烟或生活在空气污染严重的环境中，这一过程可能会加快。

随着衰老，呼吸系统发生的三个最主要的变化是：肺泡体积逐渐增大，肺的弹性支撑结构蜕变和呼吸肌虚弱。这些变化会使胸廓及肺顺应性下降，使胸式呼吸减弱，腹式呼吸增强，影响肺的通气和换气能力，表现为肺活量降低、肺残气量增加、动脉血氧含量降低。在运动强度增加时，肺通气量的增加主要依靠增加呼吸频率，而不是呼吸深度。

中年人肺功能降低平时不会出现症状，但是当并发肺部疾患，尤其是急性感染时，则容易发生呼吸功能障碍。另外，中年人的鼻、喉头(上皮角化、间质水肿、声带萎缩、声音变细)及支气管(鳞状上皮化生、管壁组织萎缩、黏液腺增多、软骨钙化)均会出现变化，使呼吸道防御功能下降，易发生慢性支气管炎症、肺气肿及肺心病，尤其可能患上肺癌。肺癌是个很复杂的疾病，早期没有特征性表现。但如果人人提高警觉，及时发现异常，这对早期发现肺癌有很重要的作用。

循环系统指标

在四十岁以上的中年人中，4% ~ 5% 的人有发生心脏病的可能，他们如果事先无症状生活又无规律，随时都有猝死的可能。预防心脏病，培养良好的生活方式非常重要。特别是中年人，应该懂得缓解压力，保证适当的有氧运动，不吸烟，不喝酒，注意健康饮食，控制体重，如果患有高血压和糖尿病，应该及时进行治疗。

早期自测指标

人类的癌症约有 200 余种。对于中年人来说重点防治的主要癌症应该依次为肺癌、肝癌、胃癌、食道癌、直肠癌、乳腺癌、宫颈癌及鼻咽癌等，合计占癌症死因的 80% 以上。许多肿瘤专家指出，从癌细胞刚形成不久的初生癌，发展为明显的癌症，大概需要近 10 年的时间。

现在已经知道，癌症从形成到发展，其中必有一些蛛丝马迹，自测这些迹象对及早识别癌症是十分紧要的。

下面是一些癌症的自测要点，我们可以适当参考。

（1）肺癌的自测

约 1/3 的早期肺癌缺乏肺部症状，但却可出现某些肺外表现，如内分泌和代谢异常，皮肤和结缔组织改变，神经肌肉病变，心血管和血液系统的异常等。骨关节病更是一种常见肺外表现。肺癌的骨关节病变特征是：骨关节肿大或肥大，以大关节为主；四肢长骨远端出现骨增生疼痛；杵状指、趾（指甲和趾甲呈圆形外凸）；肢端疼痛、发胀、麻木；指甲周围皮肤出现红晕。

除骨关节病变外，再加上以下一些自测内容，大致能判断肺癌是否找上了你：

①长期干咳或有黏液痰，尤其是痰中带血时应予警惕。

②慢性咳嗽的人咳嗽性质发生变化，或反复在某一肺叶、肺段发生炎症时。

③肺结核病人出现刺激性咳嗽、血痰、胸痛、体重锐减、显著贫血，抗涝治疗效果不理想时。

④剧咳不愈、痰少黏稠、少量血丝、吸气困难，这都是气管癌的重要迹象，即使胸部透视、胸片、CT 检查没能发现病变，仍然要高度怀疑气管癌，必须反复查痰找癌细胞，并且及早做纤维支气管镜检查。

⑤内分泌紊乱，如皮肤紫纹、向心性肥胖、满月脸、水牛背、厌食、恶心、面部潮红等。

⑥神经肌肉症状，如下肢肌肉无力、容易疲倦、共济失调、行走不稳等。

（2）肝癌的自测

腹泻多为肝癌的首发症状，这种腹泻一般不严重，呈慢性状态，大便检验及细菌培养都不出现异常，用抗生素治疗无效。

除去以顽固性腹泻为首发症状外，尚有以下一些自测内容：

①长期嗜酒是肝癌的高危因素。

②长期发热，一般治疗无效时。

③低血糖症状，表现为头昏、面色苍白，甚至昏迷，多在清晨发作。

（3）胃癌自测

中年人的胃癌症状常不典型。中上腹不适、饱胀、隐痛、食欲下降，持续时间较长；不明原因的贫血，大便隐血阳性；进食哽噎感、胸骨后的灼痛、胸闷等均属于自测的内容。

（4）食管癌自测

噎食是食管癌的早期信号，必须引起充分重视。所谓噎食，就是吞食物时有阻力，咽下不畅，有堵塞或异物的感觉。在早期，这种吞咽不畅所产生的种种不适感觉可自行消失，但易反复出现，在心情不愉快时容易发生，常易被误诊为"神经官能症"。

（5）乳腺癌的自测

国外推行自我检查的方法，明显提高了乳腺癌的早期发现率。一般在月经后1周进行，每月检查1次。平卧床上，用手指垫轻轻按压，而不是用手抓摸。另外的自测内容包括乳房是否长有酒窝样的凹陷，橘皮样外观，腋下有无肿块，乳头有无溢液和湿疹等。

（6）妇科肿瘤自测

①阴道出血：绝经后阴道出血是子宫癌的信号。

②性交出血：是子宫颈癌的早期症状。

③白带异常：性生活后白带带血往往是子宫颈癌的最早期症状。

白带量剧增，大量清水样、黄水样或血性白带不断流出，是输卵管癌的重要征兆。

（7）前列腺癌的自测

异常排尿，如尿频、排尿无力、夜尿次数增多、尿线变细等，进展较快。

（8）直肠癌的自测

大便隐血试验呈阳性，也就是指肉眼看不见的轻微消化道出血，对自测胃肠癌有很大的意义。当发现大便颜色变深、变黑时就应做隐血试验。

除去便血和隐血阳性外，尚有以下一些自测内容：

①贫血：由于慢性失血，开始的症状以不明原因的贫血为特点。

②黏液便：大肠内易癌变的息肉主要是大肠腺瘤。此种腺瘤可分泌大量的黏液。

③大便变形或变细。

④腹痛不适、便秘、腹胀。

⑤莫名其妙地发热。

（9）胰腺癌的自测

胰腺癌在出现各种有关症状之前，甚至几个月之前就会出现糖尿病症状，血糖升高，尿糖升高，尿糖阳性。但是，这种糖尿病有其特殊的表现，即体重下降。有资料报道，四十岁以上既不肥胖又无糖尿病家庭史的人，如果突然发生糖尿病，应该高度警惕胰腺癌。

除去突发性糖尿病外，对于胰腺癌尚有以下一些自测内容：

①黄疸：特点为阻塞性，一天天很快加深，尿液呈深茶色，大便呈陶土色；皮肤瘙痒。

②腹痛：定位不太清楚，说不准究竟痛在哪个部位，性质为隐痛或钝痛。平卧时疼痛加重，在弯腰、坐、立或走动时疼痛反而减轻。腹

痛与进食无关，所以尽管也主要痛在上腹部，但跟"胃痛"的症状不尽相似。

③消瘦：这是胰腺癌的一个重要特征，除了癌肿的消耗外，还与胰液分泌不足等有关。

特别提示，中年人忽然出现了"无痛性黄疸"，或出现了"不像是胃恙的腹痛"，再加上体重迅速减轻，就应想到胰腺癌的可能。

4. 频发的婚姻与家庭危机

来自国内外的研究和调查资料都显示出，中年是婚姻的多事之秋，是婚姻关系发展最为困难的时期。来自婚姻的幸福感被年复一年的琐事消磨，一路滑落；加之社会转型，新思潮、新观念给人们心理上的冲击，中年离婚率是各个年龄段中最高的。同时，父母和儿女等也会给家庭带来各种麻烦。如何在年过四十经营自己的婚姻是需要细心、用心的大问题。

43岁的刘西敏在医院看护父亲时，遇到了自己的一个同学。这个同学的女儿也正在医院进行骨折接骨手术。当时，同学心中无比希望女儿手术能够安全而成功，此后，漂亮的女儿可以重获健康，自己重新有一个美满快乐的家庭。刘西敏不断地询问具体情况，并不停安慰他，但明显地感觉那起不了太大的作用，几乎没有人能承受住看到自己的孩子出现这种意外，同学女儿腿部的骨折是因为同学周末与女儿爬山看护不周导致女儿从岩石上摔下来造成的。同学的太太伤心而充满了莫名的愤怒，生命中乌云似乎再也难以散去。一块在外抽烟时，同学告诉刘西敏，他本来就和老婆关系很差，经过这次事情两人的关系可能更僵，甚至离婚也是有可能的。

想到自己的上初中的孩子虽然健健康康，但却经常打架斗殴，曾被学校以各种理由劝退数次，刘西敏也是心力交瘁。还有更让刘西敏苦不堪言的是他的父亲。他父亲常年住院，已经 3 年，尽管是住在医院的普通病房，但仍令他们几兄妹身心俱疲。因为，他们以每天 150 元的价钱请护工来护理他父亲，这个价钱在家乡的城里算是高薪了，但毕竟不是护理自己的亲人，护工再尽心尽力、尽职尽责，也显得不怎么好，不得已他们只好自己来照顾。刘西敏在银行中层任职，妻子早已失业，因此，他既要顾及自己的事业，经常在看护时用手机指挥下属做事，或是向客户解释一些事情，又要顾及小家庭，还要照顾病床上的父亲。这 3 年他每天都忙得如陀螺般转个不停，遇到的所有艰难困苦都只能默默地咽进肚里。他既不敢将私人情绪带进工作中，也不愿在同事面前显出自己脆弱的一面，更不敢在父亲及妻儿面前叫一声苦、叹一口气。因为他是家庭的主心骨与顶梁柱，他们都巴望着他的照顾，如果他有任何有欠考虑、有失分寸的言行，都会让家庭蒙上不愉快的阴影。尽管如此，他与妻子还是经常因为琐事而争吵不断，有时甚至升级为长达数天的冷战。

像刘西敏与他同学遇到的类似家庭问题，已到中年的人要经常面对，婚姻和家庭琐事盘根错节的缠绕在一起让人精疲力竭。

来自国内外的研究和调查资料都显示出，中年是婚姻的多事之秋，是婚姻关系发展最为困难的时期。来自澳洲的医学顾问白震特医生说，中年是婚姻幸福感的最低点，对有儿女的家庭来说更是如此。研究发现，夫妻双方在刚结婚的头几年最快乐；儿女出生后到十二岁期间，幸福感一路滑落；也就是说刚好在四十左右是最差的时期。的确如此，人到中年，上有老，下有小，责任重，压力大；加之社会转型期，新思潮新观念给人们心理上的冲击……中年离婚率是各个年龄段中最高的。有统计说：在几个大城市，中年离婚占总离婚数的 80% 左右。

如果仅仅是因为夫妻关系自身或家庭关系等琐事导致的婚姻问题还算简单，如果是由于婚外情导致，那就更为麻烦，而且可能会酿成更大的苦果。

42 岁的吴宇最近总是心神不定，婚后过了 10 多年平淡的生活，因为一个女人的出现被搅出了波澜。这个女人叫马兰，他们在一次野外郊游时认识，当时马兰脱队正好搭上了吴宇的车。

马兰是大学老师，还是一个女诗人。没上过大学是吴宇这辈子的遗憾。他 18 岁出门谋生，奋斗 10 年后成为一个腰缠几百万的老板，有钱了的吴宇很想找一个有才又有貌的文化人当老婆，可惜总没遇到理想的。他 30 岁时与一个高中文化的普通女子结婚。婚后，妻子成了全职太太，儿子很快出生，自己生意繁忙，吴宇心中的那个梦想也渐渐淡去。在吴宇的旧观念里，大学女老师兼诗人，可能都是相貌奇丑的才女，让人敬而远之。但马兰却气质优雅，尤其说话的声音柔和温婉，举手投足间充满女人味。看到马兰，他心弦颤动，年轻时的一个个旧梦突然被激活了。

吴宇向马兰展开了情感攻势。42 岁的他对自己的激情也感到不可思议，他觉得自己竟然有了初恋般的感觉。但是，双方都是有家室的人，马兰对吴宇虽然有好感，但明确表示他们的关系止于朋友。对此，吴宇很痛苦。对马兰的思念，使他欲罢不能。经过长达一年多的追求，马兰终于答应了他。从此一发不可收拾，对马兰来讲，诗人本就多情，希望寻求刺激的尝试，对吴宇来说，他青年时期的梦终于实现。二人沉浸在短暂的甜蜜中。

没多久，二人的事情败露，吴宇想趁此时与原配夫人离婚迎娶马兰，而马兰却拒绝了，她还是深爱着自己的丈夫的。但尽管如此，马兰还是没有挽回自己的婚姻，丈夫发现她的事情后，离开了她。马兰也感到自己是一时没有把控住自己而酿成了如此重大的错误，从而无法原谅自己，对未来的生活提不起任何兴趣，选择了离开，去了另一个陌生的城市独自生活。吴宇的老婆虽然原谅了他，但二人的婚姻却有不如无，更加让自己忍受不了。终于他提出了离婚，孩子被法院判给了妻子，40%的财产也被判归妻子所有。吴宇也从此一蹶不振，经常借酒消愁，公司的事情马马虎虎地管理着，不久就破产了，吴宇又回到了年轻时期的穷困状态中。

其实，人们总有一种要将未完成的事情做圆满的本能心理，没有得到的总觉得是最好的。即使以为已经忘记，仿佛不再想起，可是一旦遇到合适的条件，压抑在潜意识里的欲望就会复活，驱使人设法满足心愿。实际上，即使心愿满足了也不一定能心安，现实的各种问题都可能成为重重障碍。尤其是在婚姻上，有时已经不仅仅是情感和理想的问题，而是牵一发而动全身的事情，孩子、财产、父母等都会受到影响，这些问题在中年人婚姻上反映得最为明显。

也正因为如此，与年轻人甚至老年人的离婚相比，中年离婚代价最惨重，它让人在最需要携手奋斗的阶段，忽然失去了那一双手，心理伤害和实际损失都很大；它还影响到正在成长中的孩子；更有辛苦十数年，已经积累有型的家庭财产面临分割。所有这些问题都可能导致一生的彻底失败。

婚姻生活天长日久，没有人能够保证每次都能顺利地解决婚姻中出现的问题。特别是人到中年，经历了十多年如一日平凡琐碎的日子，浪漫和激情被生活和工作的压力一点一点地消磨，包容和耐心也在难言对错的冲突中变成审美疲劳，相处更成为一种责任和习惯。与情感的脆弱相比较，人到中年，经济和意识的独立性都在增强，随着社会阅历的丰富，价值观也可能发生多元变化，人生可选择的空间也还比较大。此时，一点点情感上的风吹草动都有可能给婚姻带来变数。那么，人过四十如何经营自己的婚姻？请阅读下文有关婚姻的章节。

5. 无形的精神压力

到了四十岁，几乎所有人都是忙碌的，而且压力巨大。衰老的潜在恐惧、事业、婚姻和家庭的危机等等都可能给你带来无形的精神压力。不止普通人是这样，即使是那些已经非常成功的人士也会有各种莫名其妙的危机感表现。这需要我们默默承受，以健康和积极向上的心态积极应对。

成熟稳重、经验丰富、精力旺盛、体魄强健、人生的黄金时期，一般的情况下这是用来赞美中年的词语。也许这些赞美只能用于描述那些极成功的人士，但对于大多数中年人来说，他们会是另一番滋味。"人到中年万事休"，也许这句更适用于绝大多数人。这里透露了一种万念俱灰的味道。也许一场大病或者一个突如其来的灾难，甚至一个不小心翻了个小跟头，都会导致数十年拼搏的成果，在转瞬间或极短的时间内便化为乌有。

所有的这些，虽然在每一个具体的人那里表现不同，但从深层的原因来讲，除了来自现实的生活和事业本身的压力外，还有衰老给人带来的畏惧感。过了四十岁意味着人生"日过午"，意味着"青春已过"，意味着在少男少女面前"失体面"。人到中年，做什么事都是"心有余而力不足"了，因此而"惧"重负。

不止普通人是这样，即使是那些已经非常成功的人士也会有各种莫名其妙的危机感表现。

李文登事业有成，而且算是极其成功的一种。他今年四十岁，拥有一家成功的上市的网络技术公司，自己担任总裁，与漂亮的妻子和十岁的儿子以及父母住在北京西郊的豪宅。人生奋斗到这种富有和家庭状态，应该说算是非常完美了。然而有一天，当他下榻上海的一家五星级饭店时，忽然莫名感觉到：自己的人生莫名地如此空虚！每天自己的神经都得那么紧绷着，随时要关注融资、关注中层员工状态、行业动态、生意场上的无尽的应酬、没完没了的出差……他觉得所有这些并不是他真正想要的，这些都不能给他带来满足，只给他带来压力和空虚。

李文登的中年危机就从这时候开始了！他发觉自己和妻子渐行渐远，在自己家里也感觉像个陌生人。收购公司、创造更多利润的雄心壮志，一下子似乎失去了意义。他感到了恐慌。

朱静，41岁，一个全职的主妇，深爱自己的老公担任外企的高管，年薪以百万计，拥有自己的大房子和可爱的女儿。金钱上的事情无须朱静操心，她每天需要管好的就是这套房子和老公、女儿的一日三餐，其余时间就是逛街、购物。她是所有大学同学的羡慕对象，当别人紧紧巴巴过日子的时候，她俨然已经可以坐享其成。然而有一天，她翻看自己大学时候的日记时，那股迎面而来的青春气息和理想，让她突然感到自己已经年过四旬，而过去的将近 20 年自己就是在照顾自己的老公和孩子还有房子之中度过的，总之，真正属于自己的就仅仅是这么小的一方天地。她突然觉得自己的人生只有芝麻那么大，被家庭所完全淹没，意义全无。她突然想追求一些别的东西，甚至是重树自己青年时期的理想，当个作家。然而她想：时间不知不觉就过去了，我现在还来得及吗？再不做就没机会了。焦虑不知不觉开始伴随着她。她的中年危机也从此开始。

到了四十岁，几乎所有人都是忙碌的，而且压力巨大。这有些命中的注定的意味。圣人孔子也是五十岁后，读了《易经》才"知天命"的。在此之前，他也是奔波忙碌，周游列国，从不得志，中、晚年靠收门徒过日子。孔子是圣人还这么忙碌，何况一般人呢？对于中年，黄遵宪有"中年岁月苦风飘，强半光阴客里抛"的感受；郁达夫有"生死中年两不堪，生非容易死非甘"的体会。

心理学家针对人生心理健康周期的研究显示，人到中年，尤其是成功人士，都极有可能出现一种莫名的纯粹的精神压力。男性在中年危机的恐慌中，有的变得忧郁，有的大肆挥霍，有的重拾少年时的轻狂……中年男性的危机感可表现在夸张的行为上，也可能表现在剧烈的生活变化上。无论外在的表现如何，他们的生活往往都是一团糟，而女性的危机则更多表现在想要摆脱日常家庭生活的无趣，意图重新捡起尘封多年的理想，走出家庭。

相比较而言，男性中年危机的问题更严重。男人的价值主要体现在工作上，忽然觉得事业失去意义的同时，情绪会急转直下，意图寻求另外一种安慰。或者是永远有一种无形的压力让自己更加辛苦奋斗，尽管自己的事业已经很成功了。女性到了中年，大多恰好儿女逐渐长大，羁绊变少，突然空闲时间增多到无法消磨时，就会力图寻求另一种家庭之外的心灵解脱。

可以说，人到中年，几乎所有的有形的、无形的压力和负担都接踵而来。犹如拉着一辆沉重的双轮车在坎坷崎岖的雪坡上跋涉，一步也不能歇，一步也不敢松懈，只能默默地咬紧牙关奋力向前，至于何时才能到达目的地，只有"无语问苍天"了。

Part 2

健康规划：身体永远是革命的本钱

俗话说"身体是革命的本钱"。这句话虽然对不同年龄阶段的人都适用，但似乎对年当四十、刚步入中年的人更实际和实用。因为，四十之前血气方刚，精力充沛，身体是一生中最好的时期，即便是稍为劳累也顶得住；六十岁以后的老年人身体机能虽然衰退，精力也有限，但他们大多已退休，不需要再"革命"。说来说去，只有中间的这部分人是身体机能和精力已开始大不如前，但却面对着人生之中最艰巨、最繁重的任务，他们正面临着人生这场革命最重要的关口。因此，当你步入中年，就需要格外照顾好身体这"革命的本钱"。

当然，照顾好自己的身体不但可以使你更好地完成自己的人生任务，还可以为你以后的老年生活提供一个有利的身体保障。

1. 中年更需要合理的饮食

病从口入，这句古训虽不是全对，但至少说明一个问题，那就是饮食对身体健康的重要性。

在我们的时代，作为步入四十之后的中年人，事业和收入已基本稳定，生活大多还算富裕，至少想吃什么已不是问题，但怎么吃却是在这个年龄的重大问题。有的人由于工作关系宴席不断，有的人由于事业忙碌饮食随意草草了之，又有一部分人由于长期的个人嗜好偏重于某一类食物，所有的这些都可能引发各类健康问题。各类调查显示因美味佳肴引发的疾病正日益增加，如糖尿病、过度肥胖、血脂异常等各类常见的中年疾病都可能是由于饮食所导致。因此，四十之后更需找到一个适合自己的合理饮食。

1.1 膳食结构要合理

人体必需的营养素种类繁多，包括蛋白质、碳水化合物、脂肪、维生素、矿物质、水及膳食纤维等共计40多种营养素。除母乳外，没有一种天然食物能满足人体所需的全部营养素，因此，食物的多样化才是合理膳食的最基本要求。同时，不同地区、不同年龄、不同性别人群对各种营养素的需要量也有所不同，各种营养素对人体的正常生理机能需求的重要程度也不同。因此，各种营养素之间在种类和数量上的科学搭配则是合理膳食的另一个基本要求。总之，合理膳食的总体原则即是在营养多样化的基础上，既要防止营养缺乏又要防止过剩。

步入四十的中年人，身体机能由盛转衰，同时工作和压力繁重，因此在膳食上就要从身体和生活环境本身出发做出科学调整。合理的膳食结构既能让你继续保持健康强壮、远离疾病，又能给你繁重的工作提供充沛的精力。

那么，合理的膳食结构应该是怎么样的呢？根据营养学专家的建议，一般说来应注意以下常见问题。

每日饮食要控制总热量的摄取以避免肥胖

相关资料和临床观察显示，中年人超重越多，死亡的机会就越多。据相关统计，40～49 岁的人，体重超过 30% 以上的，男性死亡率达42%，女性死亡率达 36%。且易患胆石症、糖尿病、痛风、高血压、冠心病和某些癌症。因此，每日摄入的热量应控制在 7500～8370 千焦耳，这样，体重才能控制在标准范围内，否则过多的热量会转化为脂肪在体内堆积。

肥膘、肉块、奶油、鱼油、蛋黄等各类动物脂肪，花生油、豆油、菜籽油、色拉油和氢化花生油（制造巧克力重要原料）等各类植物油；人造黄油、人造奶油、人造可可油等人造食油，包括小麦、大米和糯米等在内的淀粉含量较高的细粮，各种糖类以及含糖量较高的食品，这些都是高热量的食品。

在日常饮食中，这些高热量的食品都要合理、适量食用，同时代之以淀粉、糖类等碳水化合物含量较少的低热量食物，如新鲜蔬菜、水果等。在肉类方面可以多食用相对低热量的鱼肉和鸡肉。在烹调方式上尽量选择清炖、清蒸、水煮、凉拌食物，而油炸方式尽量少用或不要，这会减少各种植物油的摄入量。

蛋白质是人体生命活动的基础物质，需要保持适量

蛋白质是人体组织的重要成分，在代谢中起催化作用的酶、抵抗疾病的抗体、促进生理活动的激素都是蛋白质的衍生物。蛋白质还有维持人体的体液平衡、酸碱平衡、动载物质、传递遗传信息的作用。科学研究发现，中年人每天需要摄入 70～80 克蛋白质较为合理，过多或过少都会产生问题。除摄入总量需要注意外，同时要注意优质蛋白质的摄取，一般应不得少于总量的 1/3。牛奶、禽蛋、瘦肉、鱼类、家禽、豆类和豆制品都富含优质蛋白质。大豆类及其制品含有较丰富的植物蛋白

质，对延缓消化系统退行性病变大有好处，这对中年人非常有益。

吃糖过多易引起糖尿病，需要适当限制糖类

作为高热量食物的糖类，摄入过量不但会引发肥胖，还会增加胰腺的负担，易引起糖尿病，这是由于中年后胰腺功能减退所致，另外，在患消化性疾病时如进甜食，还会刺激胃酸分泌，可使症状加重。因此除日常供应的碳水化合物外，不宜额外多吃甜食。在限制过多的糖类，自感食量不足时，可增加吃含糖量少、含纤维素多的蔬菜、水果，如笋干、辣椒、蕨菜、菜花、松蘑、香菇、紫菜、红果干、桑葚干、樱桃、枣类、小枣、石榴、苹果等。这些物质还可促进肠道蠕动和胆固醇的清除。

饮食要低脂肪，低胆固醇

中年人每天摄取的脂肪量以限制在 50 克左右为宜。脂肪以植物油为好，因为植物油含有不饱和脂肪酸，能促进胆固醇的代谢，有防止包括消化器官动脉在内的动脉硬化。动物脂肪、内脏、鱼子、乌贼和贝类含胆固醇多，进食过多易诱发胆石症和动脉硬化。忙于宴席应酬的人，或对这些高胆固醇食物有嗜好的人可适当控制食用量。

多吃含钙质丰富的食物

牛奶、海带、豆制品及新鲜蔬菜和水果，对预防骨质疏松，预防贫血和降低胆固醇等都有作用。工作再繁忙，尽量早餐喝些牛奶或者一杯新鲜豆浆。临睡前也可以喝一些牛奶，不但可以补充钙质，还有利于睡眠。

严格控制食盐量

食盐是人每日必不可少的，但一定要适量。过量会伤害脾胃和引起高血压，同时长期过量会引发癌症，专家建议每天进盐量不宜超过8克。

注意食用防癌饮食

近年来，相关调查数据显示，各类癌症的发病年龄正日趋低龄化。经常看着身边的同事或亲友年纪轻轻就被癌症夺去了生命，我们的心中不免惴惴不安。众多疾病和营养学专家经调查研究发现，这极有可能和当下的饮食有关，因此在饮食方面应保持警惕。

如想有效防止癌症的低龄化，在以上几条基本膳食结构建议的基础上，专家认为还大致包括以下相对严格的内容：

主要选择植物性食物，如蔬菜、水果、豆类和粗加工淀粉性主食；

每日应吃 400~800 克水果蔬菜；

每日应吃 600~800 克谷类、豆类、根茎类食物，少吃精制糖；

脂肪和油的能量不应超过摄入总能量的 30%；

如果吃肉，每日红肉的摄取量应低于 80 克；

不吃室温下存放过久的食物，因为这种食物易污染上霉菌毒素；

不吃的食物要冷藏，以免腐败变质；

添加剂、污染物和残留量水平控制得当，食物和饮料中的这类物质则不会造成健康危害；

不吃烧焦的食物；

少吃在明火上直接烧烤的肉和鱼，少吃熏肉；

要用较低的温度烹调肉和鱼；

如果饮酒，男子每日限饮两杯，女子限饮一杯。

如能遵循上述建议，专家们认为，全世界的癌症减少 30%~40%。

1.2　需要适当节食了

步入四十岁，不少人的大肚腩已经鼓出来，腰腹已满是赘肉，身体已稍有微恙，如慢性胃炎、高血脂、高血压、糖尿病等，甚至还有很多自以为身体健康的人在每次体检后都会被告知要控制体重，因此，该是需要适当节食的时候了。

什么是节食呢？在一般人的观念中，"节食"似乎就是"减肥"的同义词，其实不然。节食的意思有两层，一是只吃限定的食物，或按医生给出的食谱进食；二是要控制饮食的数量。因此，节食目的是为了健康，而不止是为了减肥，但它确实能防止肥胖甚至减肥。

根据节食的目的，节食一般可分为三种类型：一是由于疾病原因需要控制某一类或某一种饮食；二是体重超标或已达到肥胖的状态，需要控制饮食数量，以达到有效控制体重的目的；三为了塑造优美体形而减肥节食。

不论为何目的而进行的节食，都要依据营养学知识制定一个合理的计划。一般人不具备全面科学的营养学知识，因此，在制定节食计划时最好咨询营养师或相关专业人士。

因病而节食

不同类型的疾病在饮食上都会有相应规定，如有的人有慢性胃炎或肠炎，则需要把辣椒尽量排除在食谱之外，同时少吃生冷辛辣等不利肠胃的食物；有的人患有糖尿病则需控制糖类的摄取。总之，是要根据自己身体的具体状况，听取医生或营养师的建议，制定合理的节食计划，对症节食。切忌在不知具体病情以及没有医生的建议的情况下人云亦云。

由于部分营养丰富的食物在被控制食谱之外，有时就会导致某类营养的缺乏，在这时需要主要通过别的途径补充营养。比如一些患有慢性胃炎或肠炎的人，不能吃冷的水果，但吃一些水果粥就能解决这个问题。

控制体重的节食

对于以控制体重或减肥为目的节食，最根本的是要控制热量的过量摄取，这一点前文已述，不再赘述，但仍然有以下一些小问题需要多多注意。

多吃纯天然的食物，但并不是说必须是"热量低"的，如花生酱、谷物等，热量虽较高，但也应该多吃一点，以维持每天必需的热量需求。

许多节制饮食的人，往往早饭或中饭不吃，肚子一直要饿到晚饭的时候再狼吞虎咽地吃得很多。这是极其错误的方法。因为，要是早中饭不饿肚子，晚饭也不会吃这么多。一天中只要有一顿暴食，就会促使脂肪的生成，并且胆固醇也会增加，结果适得其反。

有人认为要控制体重，就一直不能吃诸如淀粉等碳水化合物含量高的食物，这也不一定是正确的。比如，每克淀粉或蛋白质中含 4 卡热量，因此以克为单位来比较的话，淀粉不会比蛋白质容易发胖。多吃些纤维质中含淀粉量高的食物是很重要的。这些食物主要指的是粗粮、蚕豆、豌豆、新鲜蔬菜，虽然纤维质不会使人消瘦，但它能加速食物在大肠中的排泄过程。事实上，缺少碳水化合物，会引起头晕、目眩、嗜睡的毛病，同时还会增加肾脏的负担。

有人常常以啤酒代饭，认为节食了，其实不然，啤酒中不但含有麦芽糖，而且酒精含热量很高，并且它能促进食欲，反而使其在不知不觉中多吃了菜。

有人认为淘米会减少米的含热量，其实没有。只是减少一些淀粉的含量，含热量几乎不会损失。在烧饭前先多次淘米，可能会流失一些维生素，破坏了米的营养。

在饮食中，还需要考虑诸如番茄酱、蛋黄酱等一些调味品中的热量。因为一汤匙番茄酱所含的热量，相当于一汤匙的白糖；而一汤匙蛋黄酱的热量相当于两汤匙白糖。因此，在饮食中，调味品不能放得多。

有的人认为如果严格地节制饮食，就会每个星期逐步消瘦下去。其实，不是这样，因为几乎每一个节制饮食的人，在某一个阶段体重会停留在一个数字上。有各种各样的因素会暂时影响减肥，但只要遵照医生的嘱咐，坚持节制饮食，体重是必然会减少的。

塑身节食

我们的时代是一个无论你在什么年龄追求美都不为过的时代。我们经常会惊讶于身边的女性同事或亲友年过四十而依然青春靓丽、婀娜多姿，年龄看起来依然像不过三十。她们不论在街上还是生意场上都能自信地展现自己的绰约风姿。究其青春永驻的秘诀，天生丽质和长年精心的面部保养固然是一方面，但身材的保持是重中之重。

很多年过四十的女性，即使在总体重不超标的情况下依然会在腹部、腰部和臀部生出很多赘肉，严重影响了完美体形的塑造。想除去这多余的赘肉，一要多做相关的健美运动，必不可少的第二点就是要节食。

塑身节食的方法与控制体重或减肥为目的节食方法基本是一致的，可以参考上文，这里不再多说。

需要注意的是不要过度节食。一些过了四十的女性，尤其是从事影视、舞蹈等行业的女性，出于多种原因为了保持苗条身材、留住青春，常常生怕多吃一点就会影响了自己的体型。因此，她们容易过度节食，如此长期饮食不规律，低血压自然就慢慢找上门来了。血压过低会造成许多脏器供血不足，特别是大脑对缺血最敏感。如果血压不是特别低，没有任何临床症状，可以不使用药物治疗，经过调理可以使血压有所改善。低血压者应当正常饮食，选择容易消化而营养丰富的健康食物，不要过度节食，一日三餐不可或缺。

1.3　素食一段试一试

素食按境界可以分为多种，主要包括自由素、牛羊素、鸡鸭素、鱼虾素、蛋奶素、极端素等。我们这里所说的素食比较接近于"极端素"，即拒绝食用一切和动物有关的食物，主要食用谷物、蔬菜和水果等。

已经有相当一部分人出于健康的考虑，开始了素食。并且素食餐馆已经遍布世界各地。一些著名品牌的五星级连锁饭店内均有专门的素食服务，或设立专门的素食餐厅。由此可见，素食在一定程度上已经形成了一定的潮流。

但素食到底对健康有益还是有害呢？绝大多数营养学和医学专家认为，只要能合理搭配食物种类，素食是绝对有利于身体健康的。尤其是步入四十以后的中年人，身体各类机能开始由盛转衰，合理素食可以有效控制食物对人体所带来的危害。

首先，人类的生理结构更适于素食。其理论根据是食肉动物的消化道很短，其小肠的长度一般只有身体（仅只躯干）长度的 3 倍左右，这种结构能将腐败的肉食和因此而产生的毒素尽快排出体外，避免这些毒素进入血液。同时，食肉动物的消化液的酸度较高，便于充分消化分解肉食中的纤维组织和骨骼。与此相对照，食草类动物和食果类动物的消化道一般都很长，小肠的长度通常约为躯干长度的十几倍，可以将食物充分地消化吸收。"素食动物"一般要将食物充分磨碎后（某些食草动物的反刍过程只不过将磨碎食物的过程延后分解了），再送入胃肠进行消化。但素食动物的食物消化过程在口腔中就已经开始了，因为它们的唾液中多含有用来消化淀粉类食物的唾液淀粉酶。

对比来看，人类和"素食动物"很相似，尤其是和食果动物近乎相同。人类有盘曲的长达人体躯干长度 12 倍的小肠，我们的唾液中含有丰富的唾液淀粉酶，我们有着比较发达的臼齿。这都说明素食才是同我们的生理结构特点相适应的饮食方式。

其次，合理的素食对人的身体健康益处多多。主要体现在以下几个方面：植物食品中不含有对心血管构成威胁的有害物质，因此素食可减少血管疾病的发生；全壳类、豆类、蔬菜（蔬菜食品）及水果（水果食品），有保护人体降低罹患癌症（癌症食品）机会的作用；素食可减轻肾脏负荷，对肾功能不健全的肾脏病患者来讲，能起到让肾脏"休息"的作用；素食对预防骨质疏松症亦有好处。众所周知，维生素C对人体意义重大，很多植物食品如"绿色蔬菜、西红柿和某些瓜果等"含丰富维生素C；许多研究显示健康的素食能减少罹患心脏病、高血压（血压食品）、糖尿病和肥胖等慢性退化性疾病。

与素食相反的是，肉食对身体危害多多。首先，动物被杀时体内产生的毒素威胁人类健康。《大英百科全书》就指出：动物尸体的血液和组织中含有许多有毒物质。这些物质残留在动物肉中被人食用后会严重影响人体健康。比如，肉食中所含的大量的尿酸、尿素等含氮化合物可以导致肾病、痛风、关节炎等疾病。其次，动物疾病威胁人类健康。现代畜牧养殖业中的动物疾病是不可避免的，这些动物疾病往往也能感染人体，使人染病，比如口蹄疫、疯牛病等。再次，肉食本身的成分不利于人类健康，其主要表现在胆固醇对人体循环系统的危害。动物肉中所含的动物脂肪（如胆固醇）在人体内不易分解，会逐渐沉积在血管内壁上，因而随着年龄的增长，血管内径会越来越小，血液流通也会越来越困难，这也就是所谓的动脉硬化。由于血液流通不畅，心脏被迫更加努力地压送血液，从而大大加重了心脏的负担，会导致高血压，中风和突发性心脏病等疾病。同时，那些过量摄入的胆固醇会积存在胆汁中，以至逐渐沉积形成胆结石，并可能因此诱发胆囊炎。另外，动物在屠宰之后，动物蛋白会生成一种称为"尸碱"的毒素，当我们把肉吃进嘴里的时候，它的腐败程度已经很高了。再加上我们的消化道很长，腐败的肉类就会在我们体内存留更长的时间并继续生成毒素危害我们的消化道。最后，动物肉中的化学污染物危害人类健康。在自然界的食物网和食物链中，动物总是处于较高的层次，因此，动物能通过食物链将农业生产中使用的化学农药和化肥的残留物富集在体内，而且距离食物链的顶端越近这种富集作用越明显，所以，如果人以动物肉为食物无异于将人体作为有毒化学残余物的回收站。与此相对的是，如果吃素的话就大可不必担心胆固醇吸收过量，不必担心摄入过多的动物毒素和化学污染物。尽管植物性食物中也不可避免的有化学污染物，但它的富集度要比肉类低得多，也不必担心素食在体内停留时间较长而威胁人体健康，我们也能因此减少很多得心脑血管疾病和癌症的机会。

很多人担心素食不能满足人体对各种营养的需要，并且素食不利于提高人的体力和智力。其实，这是一种误解。

多数营养师认为，只要合理搭配，素食完全能够满足人体的各种营养需要，包括蛋白质、维生素和各种矿物质。尽管植物性食物常常因为缺乏维生素 B12 和易于人体吸收的铁质而受到质疑，但实际上，大豆发酵食物和海藻类可以提供足够的维生素 B12，而铁质也不是一个无法跨越的障碍，多吃绿叶植物、海生植物、种子、坚果、豆类和谷物就可以解决。如果是蛋奶素的话，就更不用担心了。早在 1997 年，全球最大的专业营养学机构——美国饮食学会就通过官方报告指出，经过恰当计划的素食是健康的，有充分营养的。此外，还有很多机构也有类似的观点，包括美国农业部、美国心脏协会、美国医学会，美国玛约医学教育研究基金会等等，即使是最需要营养的儿童，美国儿科医学会也认为：只要合理地搭配，各种类型的素食都可以保证儿童的足够营养。

种种研究显示，素食者在疲劳过后恢复耐力、强壮与敏捷三方面均比肉食者优越。许多国际著名的运动员都由过去的肉食改为素食。例如，澳大利亚的举重运动员、曾打破多项世界纪录的安德森以及打破56次世界纪录的游泳运动员约翰·韦斯姆乐。他们都报告说：吃素后体力并未下降，事实上，看起来好像有所增加或至少保持原状。

至于素食导致智力下降，那更是毫无依据，人智力的高低取决于脑细胞之间连接的开关速度与开关接触效果，大脑工作的最佳效果是在人体内环境呈微碱性状态时获得的，维护这种状态的植物蛋白、不饱和脂肪酸只能从素食中获取。因此，素食的确能影响智力，这种影响就是智力水平的提高。20世纪最伟大的物理学家爱因斯坦就是素食者，这足以说明素食对智力的促进作用。

基于以上的科学认知，我们建议步入四十的中年人不妨素食一段试一试。我们相信只要你能坚持住，并且合理搭配食物，你的身体健康将会得到明显改善。

1.4 营养滋补防过量

刚刚步入四十岁的中年人，很容易出现情绪低落、容易疲劳、不愿运动、失眠、头痛等症状，这是身体机能开始衰退的表现。为了抵抗机体衰退，很多人开始进行各类营养滋补。

滋补本身并没有什么错，而且进入中年合理的滋补是非常必要的，既能补充精力也能防止部分疾病，但如果滋补过量反而适得其反。

我们这里所说的过量主要表现在三个方面：第一，某一类营养的过量，如发现自己某一类维生素缺乏，就没有节制地在短时间内大量补充这一类维生素或富含这类维生素的食品；第二，是单纯为滋补而滋补，只要是滋补品，不管三七二十一买来就吃，不管适不适合自己，造成多种滋补过量，而缺乏的那一类反而没有得到有效补充；第三，从中医角度讲，不分体质阴阳，气血虚实地乱补。

具体说来，在营养滋补时要注意以下一些常见问题。

不是说营养滋补就首选肉类

过于油腻的食物不易消化吸收，同时肉类在消化过程中会产生某些"副产品"，以及过多的脂肪、糖类等，这往往是心脑血管病等疾病的病因。饮食清淡也不是不补，尤其是蔬菜类更不容忽视。因此合理的滋补应该是荤素搭配合理，它们可以为人体共同提供多种维生素和微量元素。

不是越贵的东西就越有营养滋补价值

一些人以为东西越贵越好，不惜花高价买燕窝、鱼翅之类的保健食品。其实，这些东西进补功效未必就好，而十分平常的甘薯和洋葱之类的食品，却有十分值得重视的食疗价值。"缺什么，补什么"是进补的基本原则，不要以贵贱分高低，关键是看自身哪项功能较差，再根据体质选择相应补品，尤其是中年群体，则更应以实用为滋补原则。

并不是补充的越多就越有利于身体健康

任何补药服用过量都有害，"多吃补药，有病治病，无病强身"的说法是很不科学的。过量进补会加重脾胃、肝脏负担。夏季人们常吃冷饮、冷冻食品，多有脾胃功能减弱的现象。入秋即大量进补，会骤然加重脾胃及肝脏的负担，使长期处于疲弱的消化器官难以承受，导致消化系统功能紊乱。如过量服用参茸类补品还可引起腹胀、不思饮食等副作用。

必须防止进补单一

有些人喜欢按照自己口味，专服某一种补品，这么做会影响体内的营养平衡，对健康是不利的。对于中年人来说，不但各脏器功能均有不同程度的减退，需要全面地系统地加以调理，而且不同的季节，对保健药物和食物也有不同的需求。如牛羊、狗肉、辛辣食物、酒等，都是偏温热的，会导致体内毒火旺盛，出现口干、嗓子疼等症状，不宜过多食用。

不要以药物代替食物

药补不如食补，重药物轻食物的做法是不科学的，许多食物也是很好的滋补品，如多吃萝卜可健胃消食、顺气宽胸，多吃山药能补脾胃。日常食用的核桃、芝麻、花生、红枣、扁豆等也是进补的佳品。

不要不分阴阳虚实地乱补

进补要先分清自身体质，中医的治疗原则是虚者进补，不是虚症病人不宜进补，要辨证地施补。即使是虚证，也有气虚、血虚、阳虚、阴虚之分，人体器官又有心虚、肺虚、肝虚、脾虚、肾虚等不同，进补前最好先向专业医生咨询，结合各种补药的性能特点，对症施用。如热性体质者就不适合服用人参、鹿茸、海马等温热性的药物。

滋补的同时要注意人体废物的排出

近年来提出一种关注"负营养"的保健新观念，即重视人体废物的排出，减少"肠毒"的滞留与吸收，提倡在进补的同时，亦应重视排便的及时和通畅。否则食物代谢后产生的有毒物质不能及时排出体外，对身体会产生更大的危害。

步入四十的中年朋友在进行营养滋补时，最好咨询医师和营养师，在完全了解自己身体的情况下，合理选择适合自己的营养品或食物，这样才能达到滋补的真正的健康目的。

1.5　为自己设计一个最佳方案

什么样的饮食方案才算是最佳，我们认为需要具备以下几点要素：第一，在基本面上要达到膳食结构合理，营养均衡，有效保持精力充沛，应对繁杂的工作和家庭压力；第二，相对突出自身所缺乏的某类营养的补充；第三，针对自己身体具体情况，或已患有某类疾病，有针对节食，防止疾病复发或恶化；第四，可以有效保持防止多种中年常见疾病，防止过早衰老。

如何才能达到上述几点要素全部具备，我们认为：第一，要全面了解自己的身体状况，通过全面体检后详细询问医生；第二，全面了解相关营养学知识，必要时咨询营养师；第三，适当的节制和克制能力。如能做到这三点就基本可以为自己设计出一套最适合自己的饮食方案。

下面我们以在某基金公司工作的 41 岁的张先生为例，看看他是怎样为自己设计饮食方案的。

张先生最近的体检报告是这样的，除体重超标、血压偏高以及牙龈红肿外，其他体检项目完全正常。在张先生得到这个体检报告后，去咨询了医生，医生告知，血压偏高是由于体重超标所致，而牙龈红肿是由于维生素 C 缺乏所致。同时，张先生多年患有轻微的极慢性胃炎，并头发脱落严重。

针对以上问题，张先生为自己设计了以下饮食方案。

减少肉类，每日摄取量尽量不要超过 1 两，或者干脆能不吃就不吃，如果实在想吃可以以少量鸡鸭肉或鱼肉代替，为此他在食谱中去掉了自己喜爱的各类炖肉和红烧肉等，动物内脏的各种菜肴也尽量不吃。

减少烹调用油，每次吃巧克力不超过一小块，不再喝碳酸饮料，为此，每餐必备的可乐，只好忍痛割爱了。

　　以上两点重在控制体重，同时控制血压继续升高。

　　在补充维生素 C 方面，他除服用维生素 C 的药物和滋补品的同时，每天吃一个橙子，自己讨厌的胡萝卜他也会时常吃一些。

　　为防止胃炎加重，张先生告诫自己辣椒能少吃就少吃，还有大蒜、生葱也是如此。

　　对于脱发的问题，张先生咨询了著名的老中医。老中医告诉他头发的营养源于血，如果头发变白或易于脱落，多半是因为肝血不足，肾气虚弱所致。老中医为他把了脉后，张先生的身体果然是如此。因此，老中医给他开了补肝血、补肾气的人参养荣汤和六味地黄丸，并告诫他要注意少吃冰食、油腻食物，注意食补。

　　为了可以有效食补、有效根治脱发的毛病，张先生又专门跑了趟医院，咨询了某著名营养师，他得到的建议是：可以经常食用糯米、赤豆、青豆、红菱等，蔬菜类常食胡萝卜、菠菜、香菇等，动物类常食乌骨鸡、牛羊猪肝、深色肉质鱼类、海参等；水果类常食黑枣、柿子等。总之，凡具有深色 (绿、红、黄、紫) 的食物都含有自然界的植物体与阳光作用而形成的色素，可以补充人体的色素，对发色保健有益。为此他的日常饮食中又做了相应的增加。

　　我们可以看到，张先生为自己设计的饮食方案虽然概略而简单，但基本是在完全了解自己身体的情况下，在遵照医生和营养师的科学建议下，有重点有针对地设计的。可以说，对于张先生来说这就是一个最佳的饮食方案。

　　希望您也可以根据自己的具体情况为自己设计一套真正适合自己的饮食方案。

2. 让生命在运动中焕发光彩

"生命在于运动"，这是法国著名思想家和文学家伏尔泰的一句名言。在一般意义上讲，这句话可以包含三层意思：一是从哲学层面说说，生命和运动不可分，运动是生命存在的形式，生命运动构成人生的过程和内容，没有生命的运动就没有生命；二是说运动可以提高生命的质量，可以健身，提高健康水平，发挥生命的更大价值；三从生命中体质和智力的关系看，身心健康是发挥和提高智力的前提，身心健康离不开体、脑的运动、锻炼。

我们在这里不去探讨生命与运动在哲学层面的意义，我们只说后两层意义。对步入四十岁的中年人来讲，人的生理机能开始逐渐下降，脑力也在逐渐下降，如何从根本上延缓生理机能和脑力的下降速度，除了注意饮食，重中之重就是运动。可以说，体育运动是珍爱生命的最有效形式。只有坚持运动的人，才能握紧生命之手，将健康掌握在自己手中，才能让自己的体能和精力更加充沛，让生命更加精彩！

2.1　运动是健康根源

之所以说生命在于运动，是因为运动有益健康。尤其是生活在节奏紧张、竞争激烈的大都市的广大中年朋友，整天忙碌于工作、人际交往、家庭事务之中，并且交通工具发达，出门有汽车、地铁、轻轨，上楼有电梯，以交通工具代替走路，以电梯代步的现象已很普遍，很多人就忽略了运动对保持和促进健康的重要性。还有很多人想运动，但由于没有充足的时间而无法运动，于是，由于缺少运动所导致的非健康因素、亚健康状态、各种疾病日益显现出来。为此，提醒广大中年朋友，运动对健康是非常必要的，进行科学适宜的运动，它可以使我们生活得健康、美丽、幸福、长寿，并且远离疾病。

绝大多数中年朋友可能都明白以上所说的道理，但在这里还是要重新细说一下运动是如何有益于健康的，可能你会发现一些你并不知道的知识。

科学合理的体育运动可以增强和改善人体的各项生理机能，主要表现在以下几个方面：

改善心肺功能

心肺功能的适应能力是评价健康的重要生理指标之一。经常锻炼的人心脏的心肌壁增厚，收缩有力，腔室增大，心容积增加，每次脉搏输出量增多，心力贮备增加，工作能力增强，可以完成各种繁重任务。同时心血管机能也可以得到改善，由此，对心血管系统疾病有良好的预防作用。

对于肺部而言，体育锻炼可以改善呼吸肌的状态和效率，更好地发挥其功能。肺活量增大，肺通气能力提高，呼吸频率改变，肺通气效率提高，这对呼吸系统的疾病有预防和治疗作用。

增强肌肉和骨骼的功能，可使体态更健美

体育运动可以通过改善血液循环，加强新陈代谢，使骨径增粗，肌质增厚，骨质的排列规则、整齐，并随着骨形态结构的良好变化，骨的抗折、抗弯、抗压缩等方面的能力有较大提高。科学、系统的体育运动，既可以提高关节的稳定性，又可以增加关节的灵活性和运动幅度。同时，体育锻炼可使肌肉体积、肌肉力量、肌肉弹性增加。在肌肉和骨

骼功能改善的同时，自然可以形成正确的体态和健美的形体。

改善血压

体育可调整和提高大脑皮层的功能，加强对皮层下血管运动中枢的调节，并可进一步提高迷走神经的兴奋性，而迷走神经兴奋可引起外围血管扩张和血压下降。高血压患者对体力活动的反应较一般人剧烈，即心率和血压升高比较明显。体育运动可改善机体的异常反应性，从而使对体力活动的反应减少。

提高机体免疫力

适量运动可以增加血液系统中的白细胞。白细胞的增多可在运动后几分钟和运动后 2~3 小时两个时段达到高峰，其中的中性粒细胞和淋巴细胞，对预防病菌的传播有重要作用。

运动可健脑

充分的血液供应是保健脑实质、促使智力开发的基本条件，而体育运动可以有效地促进血液循环。同时，体育运动还可以通过脑形态的变化、脑生化反应的活跃和信息传递的增强来提高人的智力。

消除疲劳

体育运动可以使大脑中与体育活动有关的区域兴奋，而与脑力劳动有关的区域就会相对得到休息，达到消除脑疲劳的目的。适当的运动，可消除因身体不活动而引起的血液在内脏器官中的停滞状态，促进血液循环，从而达到消除身体疲劳的目的。

运动对于人类来说，除了可以对于身体的各项机能大有益处之外，还在一定程度上可以改善心理状态。

促进心理健康

健康、稳定的情绪能使人对现实保持积极的态度，有效地从事学习、工作。经常参加体育活动可以为郁积的各种消极情绪提供一个发泄口，尤其可使受挫折后产生的冲动得到升华或转移，消除轻微情绪障碍，减缓和治疗某些心理疾病，如抑郁症等。

体育运动一个重要的特点就是重复某一个技术动作的练习并在这个过程中不断地感受和体会对这一练习动作的理解和认识，对自己的行为主体价值进行不断的思索和体验，以达到自我价值体现的目的。这样的过程可以在一定程度上转移和缓解由事业、婚姻等方面所遭遇的挫折而带来的失败感。

综上，我们可以看到，体育运动对于健康的方方面面的重要作用。我们甚至可以说不运动的生命肯定是不健康的。如果你想精力充沛，从容不迫地应付日常生活和工作，那么，就请你运动吧。如果你想延缓衰老，永葆青春活力和健美身材，那么，就请你运动吧！如果你很少运动，我们希望你多运动；如果你基本不运动，我们希望你找到自己合适的运动方式，并开始运动；如果你每天坚持运动，我们希望你持之以恒。

2.2　让兴趣带动运动

俗话说：兴趣是最好的老师。这句话的意思最浅显，但对人们从事一项活动的影响也最深刻。可以说，兴趣是人们参与活动的原动力，能对所从事活动起支持、推动和促进作用，而这种推动不是外力在起作用，而是来自自身。一个人对某项活动产生了兴趣，就会注意它，积极地探究它，并能创造性地参与这项活动。体育锻炼也是一样，有了兴趣，自然就能积极主动地坚持锻炼，发挥主观能动性，这样才会收到较好的运动效果。在某种意义上，年过四十的中年人，已经失去了培养兴趣的最佳阶段，但如果不去培养对运动的兴趣，则可能使你的体育锻炼变得枯燥无味，无法持之以恒地进行，也无法达到锻炼身体的目的。

　　令人高兴的是，近年来，中年人的健康体育概念逐渐兴起。中年人更加崇尚自然、自发、主动的运动参与。通过体育运动逐渐达到维护生理和心理健康、保持青春活力、陶冶情操、休闲娱乐的目的。可以说进行体育运动，不再是社会和组织强加于个人的任务，而是越来越趋向于人们自发的行为，是人的一种自然本能驱使下的理性活动。又加之在我们的这个时代各种运动和健身项目种类繁多，因此运动兴趣的培养的重要性就越来越凸显。

　　在我们的日常生活中，很多中年人并不缺乏对体育运动的兴趣，但因为工作繁忙和其他多种原因，兴趣逐渐减淡了，还有相当多的人对体育运动兴趣不大，根本没有兴趣的人也大有人在。如果你明显感觉到自己开始容易疲惫，或者开始发福，或者其他原因，你觉得自己开始需要体育运动改善自己的身心，而自己又很难培养起兴趣，每天把锻炼当成了一项任务时，你不妨参考一下以下的一些培养运动兴趣的方式。

　　寻找运动伙伴

　　人天生是群居动物，不喜欢孤独，很多运动在自己独自进行比较难于进行，如果和伙伴一起进行时，则可以找到乐趣。运动伙伴的好处是既能增加乐趣，又可互相鼓励和照顾，这样不但可减少运动本身的单调枯燥，而且可以提高运动情趣，消除羞怯、畏难、自卑等心理障碍，也可以激励自己坚持运动。

　　多感受体育

　　观看电视里的体育节目、运动场上的体育比赛，可以从他人的表演中了解体育运动的激烈竞争和力与美的较量，在紧张刺激的竞技比赛中获得心理上的愉悦。如果你对武术高手、体育明星等有崇拜，你就可以学习他们的体育精神，激励自己多运动。还有一个方法是去玩体育比赛的电子游戏，可以在虚拟的体育世界里学习技巧、战胜对手、体验成功。在对体育的感受中，可以更有效地激发自己对运动的兴趣。

给运动添些色彩

运动时可利用各种外部条件，给单调的运动增加一些趣味，弱化乏味感和疲劳感。比如平时和家人或朋友一起做运动游戏，不断变换游戏内容，节假日交替进行游泳、打球、远足、爬山等不同运动，营造趣味盎然的氛围，让自己享受运动的乐趣。

运动投资

培养运动兴趣也需要有必要的投资，可以根据自己的爱好配置必要的家庭体育用品，也可以花点钱参加喜欢的训练班，或去观看现场的体育比赛……另外，为了方便运动，减少运动中的受伤，合适的运动鞋、运动服也必须有。

寻求"高手"指导

体育运动需要遵循一定的规律，其中更有许多技能技巧，如网球、高尔夫球等，都需要很强的技术元素。如果你热衷于某项运动，而自己单练时总觉得无法取得突破性进展，你不妨到附近的体育场馆或公园、小区找找教练或常年从事这项运动的人加以指点。不断地学到一些新东西，感觉到自己的进步，对增强信心和提高兴趣会有很大帮助。

给自己一点选择的机会

每个人的特点不同，对各种事物的兴趣也有千差万别。也许有很多人建议你进行不同的体育运动，但那些未必真正适合你。因此要多留意可自己真正兴趣所在，哪些运动你最容易掌握有关技术和技能。这样，你才能在此项运动中不断提高自己的水平，从而真正建立兴趣，参与的积极性才会更加高涨，有助于克服困难，持之以恒。

2.3　运动莫中断

体育锻炼对人的身体给予刺激，每次刺激都产生一定的作用痕迹，连续不断地刺激作用则产生痕迹的积累。这种积累使机体结构和机能产生新的适应，体质就会不断增强，动作技能形成的条件反射也会不断得到强化，因此，体育锻炼贵在坚持，不能设想在短时间内取得显著效果，必须得长久的积累。这就是体育锻炼上常说的持之以恒原则，其核心意思即是体育锻炼必须经常性进行，并最好使之成为日常生活中的重要内容，或生活的一部分。

以跑步为例。很多人幻想在短期内取得理想结果，但只有经常锻炼才会提高锻炼水平。如果一周只跑一次，跑的距离再长也没有多少益处，因为在中断跑步的六天里，身体组织已将跑步带来的好处消耗得一干二净，所以，一周内跑步不得少于三次。

中年人正值事业和家庭事务最繁忙、压力最大的时期，空闲时间并不多，在这种情况下，如何才能使体育锻炼持之以恒？广大中年朋友可以参考一下建议。

（1）培养体育锻炼的兴趣。如何培养，参见上文。

（2）根据个人能力所及，确立一个能够实现的体育锻炼目标，目标不宜太高，制定一个切实可行的锻炼计划，并长期坚持下去。如晨跑，可以根据自身状况设定跑步长度及每周次数。

（3）强化锻炼意识，把体育锻炼列为日常生活内容，定期保证有一定的体育锻炼时间，逐步养成习惯，使体育锻炼成为生活的重要组成部分。

（4）体育锻炼的效果并非一劳永逸，如果锻炼间隔时间过长，效果就会不明显，因此，每次锻炼要坚持安排合理的锻炼间隔。

如能将以上四点很好地执行，一般就可以达到长期锻炼的效果。

2.4 健身房也是一个好选择

近几年，在大都市生活的中年人，由于工作、家庭、环境等多种因素影响，没有足够的时间进行户外健身运动，因此相当多有足够财力的人开始选择了在家中设置健身房，也有长期在离家或公司较近的健身房进行有规律的健身运动。一般而言，家庭自制健身房器械数量很少，而且空间有限，功能一般不会很完备，较适合做简单的健身运动，如在跑步机上跑步，或骑健身自行车等。

虽然最佳的健身运动是要户外进行的，但如果没有足够的时间和条件进行户外运动，健身房也是一个非常好的选择，这样，既能达到健身的目的，又可以节约时间等成本，同时有利于长期运动锻炼习惯的养成，所以如果你没有办法进行户外锻炼，我们建议你尽快找到适合自己的健身房。

无论是在自家的健身房还是在公共健身房，都非常有必要先来认识一下多达百种的健身器材。归纳起来，众多的健身器材大致可分为三种类型：

（1）全身性健身器械：这类健身器械是一种综合性训练器械。这类器械的特点是可供多人同时在一个器械上进行循环性或选择性练习。这种健身器械体积较大，功能较全，价格不菲，适合健美中心、康复中心及机关或学校健身房使用。应该说明的是，诸如多功能跑步机虽属全身性的健身器械，但它只是在单功能跑步机的基础上增加了划船、蹬车、俯卧撑、腰部旋转、按摩等功能，所以体积并不很大，同样适合家庭健身房。

（2）局部性健身器械：局部性健身器械多属专项训练器械，结构小巧，占地 1 平方米左右，多数能折叠，有的还兼具趣味性。如健身自行车、划船器、楼梯机、跑步机以及小腿弯举器、重锤拉力器、提踵练习器等。这类器械，一般来讲功能相对单一，主要侧重局部肌群的锻炼。此类器械既有以配重砝码、液压拉缸为重载的力量型，也有以自身为动力的非力量型，无须拆装组合；有的还配有时间、速度、距离、心率等电子显示装置，使锻炼者可以自己掌握运动量。因此，颇受健身爱好者的青睐，是家庭健身房的"主角"。

（3）小型健身器械：如人们所熟知的哑铃、曲柄杠铃、弹簧拉力器、健身盘、弹力棒、握力器等属于小型健身器械。其体积虽小，可锻炼价值并不低。以可调式哑铃为例，它不仅适合不同年龄、性别和体质的人进行练习，而且可以使全身各部肌肉得到锻炼，更是健美爱好者的必备器械。再比如弹簧拉力器，轻便小巧，价格低廉，既便于存放，又易于携带，同样能达到健身强体的目的。像健身球一类的小型健身器，则最适合中老年人使用。

在购买和使用健身器械时，最好详细阅读使用说明和相关注意事项，如果还不清楚，最好去咨询专业健身人士。

家庭健身房一般是在一个比较封闭的空间，本来空气流通就不是很大，因此在进行健身运动时最好多透透风。

人在安静状态下每小时呼出的二氧化碳有 20 多升，再加上汗水的分解产物，消化道排出的不良气体等，如果通风不好，会致使室内空气受到严重污染。人在这样的环境中会出现头昏、疲劳、恶心、食欲不振等现象，锻炼效果自然不佳。另外，室内污浊的空气如果得不到及时排放，还会出现一氧化碳中毒或粉尘、微粒等可吸入颗粒物吸入过多导致支气管和肺部损害。如果担心着凉感冒，可把窗户开小一点，或在运动前后开窗。

如果你没有自己的家庭健身房，又无法或不喜欢室外运动，那么，你就需要去公共健身房。如何选择一个好的适合自己的健身房，一般要注意以下几个要素。

第一要看地理位置，主要考察交通是否方便，最好选择离住所或工作单位近的地方，这样可以节约时间。有车族要注意是否有足够的车位。

第二看器材是否齐全。力量器械应包括卧推架、深蹲架、龙门架、重量大小不等的哑铃和杠铃等。有氧器械有单车、跑步机等。特别要留意一下跑步机等基本器械是否存在严重的排队现象。

第三，要考察人流量最大时，健身房的通气情况、场地整洁程度、空间是否充足等细节。另外，通风好是健身房的基本条件，尽量不选在地下室的健身房。

第四，考察健身房工作人员是否专业，主要咨询一下是否有专业的健身教练或提供私人教练服务。另外，还要咨询一下是否有专业的健身课程设置，如瑜伽、搏击等项目。健身房都配备有巡场教练和私人教练。巡场教练可以在你锻炼时提供免费帮助和指导，也负责应对各种突发情况。私人教练是一对一地给会员上课，其收费一般单独计算，并未包含在年卡内。如果是专业的私人教练，在初次训练时，一定会给你做一个全面的身体评估。

如果你想参加瑜伽、动感单车、搏击等课程，就要注意：有些课程需要单独收费，要事先了解清楚。每个月，健身房都会出一张详细的课程表，看看课程时间是否跟自己的时间相吻合。

最后，看一看价格是否合理。

大多数健身房提供训练时的饮用水，不提供饮用水的场所，你需要看一下前台出售的各种饮料是否价格合理，还要看看储藏柜是否安全及空间是否充足，贵重物品能否寄存前台。值得注意的是，有的健身年卡中包含一个储物柜的年租金，有的则另外收费，而且价格不菲。

2.5 女性锻炼注意事项

由于男女生理和心理上存在很大差异，男女在运动能力方面也存在相当大的差异，这从根本上决定了女性在进行体育锻炼时的特殊性。尤其是中年女性在进入四十以后，身体机能的下降速度较男性为快，这也要求中年女性在锻炼时有些要点要格外注意。

具体来说，广大上了四十的中年女性可以下几方面注意自己的日常体育锻炼。

（1）女性的肌肉力量同男性相比，上肢力量大约只有同龄男性上肢力量的 2 / 3 。她们的心脏容量和肺呼吸量都比男性小；女性胸部、两臂以及肩部的力量也较小。进入四十的女性，在这些问题上的差距就更加明显。因此，女性在健身活动之前一定要做足全身准备活动，以防止肌肉拉伤等问题，最好以感觉自己身体已开始灵活自如，稍稍发热为宜。

（2）女性负重锻炼的重量最好不要超过自身的体重。这主要是因为女性的盆骨较大，她们在运动中保持平衡的方式和男子不尽相同，需要有较大的胯部转动，才能将重心转移到支撑重量的腿上，所以很容易造成腰部肌肉和关节的损伤。因此，使用健身器材锻炼时，女性可系上大小合适的腰带以保护腰肌。同时如骨盆承受压力过大，可造成会阴部肌肉松弛和脆弱，严重者引起子宫下垂或脱出、大小便失禁等后遗症。这在中年女性身上反映更为明显，因此，中年女性尽量不要去选择负重运动。

（3）选择适宜的活动内容。因为女性腰部的椎间软骨比男子厚，软骨间的间隙也略微大些，腰的柔软性比男性好，所以，女性更适合做些灵巧、优美、柔软、轻快有韵律的动作，这对其神经系统的功能和肌肉力量的提高有很大帮助。中年女性锻炼重点应放在练体形上，故平衡操、健美操、仰卧起坐等项目当为首选。还可选择游泳、跳水、跳绳等。另外，一些球类，如乒乓球、羽毛球等也比较适合。

（4）月经是女性的一种生理现象，进入四十，尤其是逐渐进入更年期的中年女性，月经会越来越不正常。有些人由于月经期子宫及盆腔充血以及性腺分泌，会产生腰酸、腹胀及腹部下坠等轻度不适，出现精神不好、全身无力、头晕、容易激动等现象，这些都属于正常的生理反应。因此，在月经期，女性应根据各自的具体情况，有选择地进行适当的运动，如做操、托排球、打乒乓球等，以改善盆腔的血液循环，减轻盆腔充血，这有助于调整大脑的兴奋和抑制，减少不舒服的感觉。

（5）女性在做腹肌、骨盆底肌的锻炼时，可多做仰卧起坐、腰绕环、压腿等简单易学的动作。这些练习对提高腰腹力量有较显著的效果。练习可穿插在其他锻炼项目中进行，也可单独练习。这种锻炼对成年妇女是不可缺少的，最好每天练一次，每周练 2 ～ 3 次。这既可以锻炼腰腹力量，还可以减少经常光临中年女性的腰腹赘肉。

（6）如果是超过 45 岁并马上进入更年期的女性，则又要额外注意本条内容。进入更年期后，由于卵巢功能衰退，身体会发生很多变化，产生一些症状，如头晕、眼花、耳鸣、惊慌、血压波动、阵发性头痛、心律不齐、注意力不集中、失眠多梦、情绪容易激动、紧张烦躁等，这些症状均属正常的生理反应。适当的体育锻炼可以改善神经系统和内分泌系统的调节功能，使症状逐步减轻或消失。建议针对自己各方面身体情况，有的放矢地制定锻炼方案，如散步、跑步、打太极拳和做操等。

（7）锻炼后，应尽量使自己放松。一般可做 5 ~ 10 次腹式深呼吸，上肢和下肢抖动放松 10 秒，连做 3 次，也可以用按摩放松和沐浴放松等方法。每天睡觉前，要用热水洗脚，以促进血液循环，消除疲劳；要注意多喝水；锻炼出汗后，应及时更换内衣。

2.6　几种常见的健身运动

健身运动多种多样，这里我们仅介绍几种常见的、简单的运动，广大中年朋友可以参考，也可以依此类比其他运动。

步行

可以说，步行是所有健身运动中最安全的有氧运动，同时它有很大时空自由度，不太容易受环境的影响，并且普遍适合于各个年龄段，尤其是中老年朋友，因此，以散步为代表的步行广泛受到中年人士的喜爱。

步行尽管简单易行，但健身功效却很显著，俗语说"饭后百步走，活到九十九"，就是这个道理。科学研究证明，步行可以很好地加强心脏功能，有效防止和减少心血管疾病的发生。若以每小时 3 公里的速度，坚持 2 小时左右，可使代谢功能提高 50% 左右，同时，还可以防治多种疾病，如骨关节疾病、骨质疏松、肌肉萎缩，增强神经系统的稳定性。并可放松大脑，有利于睡眠。另外，如果你体重超标或者肥胖，只要你坚持每天步行 4 公里，减肥作用会非常明显。因为这可以额外消耗 300 千卡的热量。

跑步

跑步可以说是最普及的有氧运动，因为人人都会跑，而且跑步形式多样，安排或转换都比较自如。大致说起来，有氧跑步，主要有以下几种形式：走跑交替进行、短程递增跑、中长程递增跑、长时间慢跑、不定速跑、定时跑、反向跑、在水中跑步、沙滩跑。大家可以根据具体情况具体选择不同方式。

希望通过跑步来达到日常锻炼效果的中年朋友，不论选择何种跑步方式，最好在进行跑步锻炼时要坚持以下原则：（1）从自身状况出发；（2）不可操之过急，要循序渐进；（3）逐步提高负荷，增加距离；（4）要持之以恒，不可三天打渔两天晒网。

中年朋友要掌握健身跑的运动量，量少达不到锻炼目的，但多了也会伤害身体。建议中年朋友每周 3 次为宜，每次距离 1500 米左右，当然，大家可以根据自身状况和感觉酌情增加。

在跑步环境的选择上，尽量选择场地平坦，安全系数高的地方，如操场。公园环境优美，乡间小道或林间小道，空气清新，这些地方也比较适于跑步，如果你想进行长距离的跑，则可能有所不便。有的人会选择公路，我们认为尽量不要这样，因为公路上空气不新鲜，并且安全也难保障。

对于跑步锻炼的时间安排，不同的人有不同的看法，有人倾向于早晨，而有人倾向于晚上，这一点上大家可以根据自身情况来安排。

最后，要告诫大家的一点是，有些人不宜进行跑步锻炼，这些人主要包括：患有严重的心血管疾病者、近期心脏病发作者、糖尿病患者、高血压 3 级患者、过分肥胖者、一些在急性期的传染病患者。

游泳

游泳锻炼可以说是最有效的有氧运动，因为它几乎需要全面的身体参与和协调，正因如此，游泳可以促进新陈代谢、增强机体协调性、加强心肺功能、预防老年疾病。因此，游泳也是广大中年朋友较为喜爱的健身运动方式之一。

需要注意的是进行游泳锻炼前应做自我身体检查，主要包括这些方面内容：（1）体温是否偏高；（2）是否有疲倦感；（3）游泳前是否得到充分的休息；（4）有没有食欲减退；（5）是否曾经腹泻；（6）头部或胸部是否有疼痛感，关节部位是否有疼痛感；（7）以前是否有过高强度的体力或脑力劳动；（8）上一次游泳的乏力感是否还存在；（9）现在是否真的很想游泳。

游泳场地最好选择专业的游泳场馆，这些地方的水质有保证。如果选择天然游泳场地，则需要判断水是否清洁，一是水的颜色，最好清澈透明为佳，发绿说明水生物太多，发浑说明水质太差；二是水的气味，无明显异味为佳。如在河里游泳，还要估计一下水流速度，大概在1 ~ 1.5 米 / 秒为宜，否则水流太快则容易产生安全问题。另外，在雨、雾、风天也尽量不要游泳，最好是在天气晴朗、风和日丽的天气里，对身心都较好。

在游泳时，较容易出现诸如抽筋、呛水、耳朵进水等问题。一是要预防，比如提前做好热身运动，可防止抽筋；耳朵较容易进水的人，可提前带上耳塞；二是要小心谨慎，量力而行，不要在水中待得太久，太久易抽筋，太疲劳，呼吸控制不好则易呛水。

爬楼梯

运动专家发现爬楼梯对健康有下列益处：可增强肌肉和关节的力量，可以改善下肢血液循环，有一定的减肥作用，对舒缓心理压力、放松情绪有较好的作用，因此，爬楼梯作为一项运动虽然不正式，但却非常有效。这种活动主要适用于外出运动不方便，或者运动场所缺乏的朋友。

虽然进行爬楼梯锻炼比较简单，但一些问题还需要广大中年朋友根据自身情况在锻炼时酌情注意。这主要包括：（1）有心肺系统疾病的人，最初锻炼时速度宜慢，经过一段时间的适应锻炼，可以逐步提高速度；（2）选择的楼梯要防滑，还要有牢固的扶手，光线要好；（3）腿脚不便者可以借助手杖等进行爬楼梯锻炼；（4）在下楼时，看清楼梯再下，不要踏空；（5）在锻炼前应做好热身活动，特别是一些下肢的准备活动，如压腿、屈膝、活动脚踝；（6）开始时的运动量以身体能够承受为准，以后再慢慢增加。

3. 良好的习惯，身体力行

习惯有多种多样，可以说一个人有多少种行为（包括心理和思维）就有多少种习惯，本节文字不去讨论所有的习惯，而是把重点放在日常生活的习惯，或者说是那些能够影响到身体健康度的方方面面的习惯。

古希腊哲学家亚里士多德说："人的行为总是一再重复，因此，卓越不是单一的举动，而是习惯。"据现代社会行为学家的研究和统计，在一个人一天的行为中，大约只有5%是属于非习惯性的，而剩下的95%的行为都是习惯性的。由此可见，习惯对我们的日常生活有着多么巨大的影响。因为它是一贯的，在不知不觉中，经年累月地影响着我们的行为，影响着我们的身体，左右着我们的健康。

3.1 勇敢抛弃坏习惯

对于年过四十的中年人，不论是饮食，还是运动，不论是作息，还是个人卫生，都在漫长的人生岁月中养成了各式各样千奇百怪的习惯。当然，其中有的是好习惯，有的是坏习惯。好习惯自然要保持，坏习惯也必须要改掉，只有这样，才能保持身体长久健康。

好习惯保持容易，但对很多中年人来说，改掉坏习惯却是难上加难。因为既然能称得上是习惯，自然是经过长时间的行为累积所致，或是某种特殊爱好所致。因此，短时间内很难改掉，甚至是不那么做反而非常不舒服不适应。

据美国行为心理学家赖斯研究，习惯其实是一种心理和神经性依赖，有的习惯是心理层面多些，如留胡子的习惯，更多的是由于个人审美或社会心理导致；有的习惯是神经性依赖多些，常见的比如跷二郎腿，主要是长期不自觉的下意识的神经性行为；有的习惯是两者等量齐分，最常见的是吸烟，很多人是因为心理紧张，用吸烟来缓解，同时，手指和嘴的神经性依赖也是重要决定因素，常常是无事可做时，不自然就想点上一支烟。

针对多种不良习惯的改正的问题，赖斯认为其核心问题就是要本人勇敢正视自己的坏习惯，然后勇敢地摆脱对其的依赖。这里用了两次"勇敢"，其实是为了强调，很多中年人并不是不想改掉坏习惯，而是心理畏惧新的生活方式，不愿舍弃已经习惯的生活方式。

这种恐惧几乎人人都有，这就凸显了勇气的重要性。如何才能具备这种不断改正坏习惯的勇气呢？赖斯提供了一个方法，那就是把自己想象成一个刚刚来到这个世界上的婴儿，努力去忘记自己过去的习惯，也不再需要那些习惯，把自己的每一次举动都是想象成全新的，都是在创造。其方法的理论依据是，既然习惯是经年的行为累积而成，重复就是习惯养成的助推剂，如果我们可以尽量想着的是创造而不是重复，我们就会减少对习惯的依赖性。

很多人曾经尝试过这个方法，效果是非常明显的，有一半以上的人改掉了自己经年累月养成的坏习惯。如果你有一些坏习惯改不掉，不妨试试这个方法。

当然，如何去改掉坏习惯，每个人都有自己的具体情况，我们这里就不再多说。

下面简要附上几种常见但不容易被发现的日常生活的坏习惯，以备大家自检。

饭后松裤带

可使腹腔内压下降，消化器官的活动与韧带的负荷量增加，从而促使肠子蠕动加剧，易发生肠扭转，使人腹胀、腹痛、呕吐，还容易患胃下垂等病。

空腹吃糖

越来越多的证据表明，空腹吃糖的嗜好时间越长，对各种蛋白质吸收的损伤程度越重。由于蛋白质是生命活动的基础，因而长期空腹吃糖，更会影响人体各种正常机能，使人体变得衰弱以致缩短寿命。

跷二郎腿

会使腿部血流不畅，影响健康。如果是静脉瘤、关节炎、神经痛、静脉血栓患者，跷腿会使病情更加严重。尤其是腿长的人或孕妇，很容易得静脉血栓。

眯眼看东西、揉擦眼睛

眼角易出现鱼尾纹。习惯性眯眼还可使眼肌疲劳、眼花头疼。揉眼时，病菌会由手部传染眼睛，导致发炎、睫毛折断或脱落。

热水沐浴时间过长

在自来水中，氯仿和三氯化烯是水中容易挥发的有害物质，由于在冰浴时水滴有更多的时间和空气接触，从而使这两种有害物质释放很多。据收集到的数据显示，若用热水盆浴，则只有 25% 的氯仿和 40% 的三氯化烯释放到空气中；用热水沐浴，释放到空气中的氯仿就要达到 50%，三氯化烯高达 80%。

赌博行为

赌博之所以有害于一个人的身心健康，是因为赌博本身是一种强烈刺激，长期进行赌博，可使中枢神经系统长期处于高度紧张状态，容易引起激素分泌增加，血管收缩，血压升高，心跳和呼吸加快等，会增加心血管疾病的发病率，还会患消化性溃疡和紧张性头疼。

如厕时读报纸或杂志

很多人在如厕时喜欢读报纸或杂志，以消磨厕所时光。其实，这非常有害。如厕时宜集中精力尽快完成，而读报纸或杂志则分散了注意力，使得排便过程加长，容易患痔疮。

3.2　虚心养成好习惯

勇敢地抛弃坏习惯上文已述，接下来要谈得是如何养成好习惯。很多人以为改掉了坏习惯自然就可以养成好习惯，其实，这不完全正确。因为坏习惯的反面不一定就是好习惯。以吸烟为例，很多人费了很多周折戒掉了烟，却因为戒烟过程是用嚼糖以缓解不吸烟的烦躁，所以又养成了爱吃糖的坏习惯，因此，坏习惯的反面也有可能还是坏习惯。

这就好比有个动物学家做的一个实验：他将一群跳蚤放入实验用的大量杯里，上面盖上一片透明的玻璃。跳蚤习性爱跳，于是很多跳蚤都撞上了盖上的玻璃，不断地发叮叮咚咚的声音。这就好像人们意识到了一个坏习惯会影响健康，决定改变这个坏习惯。过了一阵子，动物学家将玻璃片拿开，发现竟然所有跳蚤依然在跳，只是都已经将跳的高度保持在接近玻璃即止，以避免撞到头。结果竟然没有一只跳蚤能跳出来——依它们的能力不是跳不出来，只是它们已经适应了环境，这就好比改掉了一个坏习惯，却又养成了另外一个坏习惯。

那么，到底如何才能养成好习惯？让我们继续刚才的动物学家的实验。后来，那位动物学家就在量杯下放了一个酒精灯并且点燃了火。不到 5 分钟，量杯烧热了，所有跳蚤自然发挥求生的本能，每只跳蚤再也不管头是否会撞痛（因为它们以为还有玻璃罩），全部都跳出量杯以外。最后的这个试验证明，跳蚤在本能的求生的欲望环节上是可以冲破所有看似障碍的障碍。放到我们人身上，那就要痛定思痛，真正认识的坏习惯的危害，认识到好习惯对生命健康的益处时才能真正养成好习惯。

在这个环节中，真正要做的就是虚心二字。所谓虚心，就是要把心中各种杂乱想法去掉，把人生不过如此等不切实际的想法去掉，潜心注意自己日常生活中各个可能危害到生命健康的环节，放弃各种固执己见的想法，还要放弃自己对于新生活方式的各种畏惧和胆怯心理。只有这样，才能真正不断养成各种好的新的习惯。

很多人认为，都到了 40 多岁了，活了快大半辈子了，很多习惯也大多是从小就养成了，所以担心好的习惯是不是来不及去养成了。其实，这是一个非常错误的想法，而且是非常消极的想法。事实是，只要心里想去建立好习惯，好习惯就是比较容易被养成的。根据行为心理学的研究结果：3 周以上的重复会形成习惯；3 个月以上的重复会形成稳定的习惯，即同一个动作，重复 3 周就会变成习惯性动作，形成稳定的习惯。

还有很多中年朋友觉得坏习惯都保持了那么长时间了，也因此造成了各类健康问题，因此担心新养成的好习惯对身体健康的作用已经不大了。这也是极其错误的想法。美国某研究小组发现，从中年开始养成良好生活习惯也不晚，仍能有效减少各类疾病的发病率，从而延年益寿。

该研究小组从 20 世纪 80 年代开始，跟踪研究了 1.6 万名年龄在 45~64 岁的美国志愿者。研究人员列出 4 项健康生活习惯，即每天吃 5 份或更多水果和蔬菜、每周锻炼至少 2.5 小时、保持正常体重、禁烟。

刚开始时，只有 8.5% 的研究对象坚持这 4 种生活习惯。跟踪研究开展 6 年后，另有 8.4% 的研究对象养成了这 4 种习惯。经过近 20 年跟踪研究后，该研究小组在《美国医学杂志》发表了这项研究成果。报告说，当研究对象养成所有 4 项良好习惯时，他们患心脏疾病的概率和因病死亡概率均大幅下降。报告说，研究对象在养成所有 4 项良好习惯后的头 4 年，患心脏疾病的概率降低 35%，因病死亡概率降低了 40%。"那些养成健康生活习惯的研究对象都着迷了，"金说，"4 年内，他们的死亡率和患心脏病的概率与自小坚持健康生活习惯的人一样。"改研究小组提醒说，这不意味着人们应该等到 40 多岁 50 多岁后才开始养成良好生活习惯。"但即使你此前没有良好生活习惯，养成好习惯也不会太晚，而且效果会很快显现出来。"

3.3　老生常谈的话题：吸烟饮酒

在日常生活的各类坏习惯中，可能吸烟和饮酒最为常见。除了少数固执己见的人群外，绝大多数人都已经认识到吸烟与饮酒对人身体的伤害。因此这里不再赘述，这里想要说的是另外一种对于吸烟和饮酒的误区。

首先说吸烟。很多人认为质量好的烟对人体伤害极小，再加上如果每天少抽，就会使得吸烟对身体基本没有伤害。的确，烟对人体的侵害程度确实与烟的品质和摄入量有关，但并不表明质量稍好一些的烟对人体无害。吸烟，首先侵袭的是人的呼吸系统，尼古丁在血液中达到一定浓度的时候，人就容易对吸烟上瘾。对烟瘾较大的人来说，适量往往是一句空话，因此，这种吸少量好的烟对健康无大损害的观点是站不住脚的，多少有些自欺欺人的味道。

还有一些人，尤其是较为成功的中年朋友，在富裕起来之后，开始喜欢上等雪茄。也许他并不喜欢抽烟，但有时雪茄拿在手里的时候，我们很难说是为了抽烟，还是为了享受抽烟时的派头。须知，染上烟瘾，往往开始时仅仅是觉得吸烟好玩，因此，不抽烟的中年朋友最好对烟这种东西敬而远之，杜绝染上烟瘾的隐患。

再说饮酒。酒对人体并不全是危害，适量饮酒对人体反而有多种益处，少量饮酒对人体是有好处的，关键还是量的控制，但是这个量却是很难控制的，往往是喝着喝着就多。尤其是人到中年，往往事业有成，在各种场合也较受人尊敬，各种应酬非常频繁，要想真正控制饮酒量是很难做到的，即便是那些较有克制能力的人也是很难做到的。

因此，我们在这里告诫广大中年朋友，如果你想饮酒，又想控制饮酒量，你必须做好各种克制的准备，并能有效地执行。

与玩上等雪茄的人群相似，有很多人也爱喝洋酒、红酒、清酒，一是认为这是一种尊贵的享受，二是认为这些酒大多度数较低，对人体的伤害较白酒为小。须知，酒对人体的伤害不会以度数高低去衡量，而是以每日摄取的酒精量来衡量，因此，不论喝什么酒，都必须适量。

3.4　养成良好的睡眠习惯是重中之重

进入四十岁后，由于人体各类机能明显下降，加之现代社会的生活节奏太快，竞争压力太大，很多人常常感觉无法充分休息，且极易感到疲劳，精力不济。这除了正常的中年生理机能的下降因素，以及饮食和运动量因素外，另一个重要因素就是睡眠。

睡眠是人生十分重要的生理现象，睡眠是大脑皮层细胞保护性抑制，使得脑细胞不致过度疲劳，是消除脑力和体力疲劳，调节机体所必须的内容。人生有 1/3 的时间在睡眠中度过，觉醒和睡眠，白天和黑夜是生物和自然的基本规律，它形成了人体的生物钟现象，长期睡眠不足，使机体的生物规律受到干扰，人的生理功能将会出现混乱，神经系统失调，轻者学习和工作的能力下降，重者将导致全身性疾病，如神经衰弱、消化功能减弱和其他心血管疾病，少睡眠会降低体质水平而抵抗能力减退，疾病将乘虚而入，所以说，许多疾病是因劳累过度而造成的。日本的濑户教授曾发表一份资料，说明熬夜与患疾之间有着相当密切的关系：0 时就寝的人中，身体有不适感觉的人大约占有 30%，0 时至 2 时就寝的人当中则有 75%，2 时以后还不就寝的竟有 95% 的人有身体不适感觉。这些都说明睡眠对人保持强壮的体质和病后恢复健康，都具有相当重要的地位。对于年过四十生理机能已由盛转衰的人来说，睡眠更是重中之重。

因此，中年人应把养成良好睡眠习惯当作紧要任务来抓。好的睡眠习惯主要包括以下内容：

（1）作息要规律。所谓规律就是要按时，不能该睡的时候不睡，改起的时候不起。最好做到早睡早起，不要晚睡晚起。每个人的工作和生活都不是一个刻板的模式，有张有弛，应该根据工作和生活的具体情况自行调节睡眠规律，如在集中精力思考某一个问题时，大脑皮层处于兴奋状态、睡意会减弱，在紧张生活过后，应该主动地争取休息，补充睡眠之不足，重新调整机体的平衡，否则大脑神经因长期处于兴奋状态，会影响整体机能不协调而损伤身体。

（2）保证充足睡眠时间。关于睡觉时间以多少为宜，这个因人而异，一般在 8 小时左右，中年人则在每天 7 个小时以上为宜，尽量不要少于 6 个小时。任何一种事物都有一个度，睡眠过少伤精神，损伤体质；睡眠过多，对身体同样有害，会使睡眠中枢处于疲劳抑制状态，使机体代谢功能和各器官的功能减弱，同时还会使人精神懒散、思维迟钝、机体乏力。中医对正常人还有"久卧伤气"之说。有资料表明，成年人每晚睡觉超过 10 小时的人死亡率比睡 7~8 小时的高 80%，而睡眠不足 4 小时的比睡 7~8 小时的人死亡率也高 80%，可见，只有适当的睡眠，才能有益健康，增强体质。

（3）睡眠姿势。正确的睡眠姿势促进睡眠质量，而错误的睡眠姿势则不利于睡眠质量。一般而言，最好的睡眠姿势是向右侧侧卧，双腿微曲，右手轻抚右脸颊，左手轻抚左腿。如果这样的姿势觉得很不舒服，则可以采取仰卧式睡眠。要尽量杜绝俯卧式，因为这个姿势会使脊柱弯曲，增加肌肉及韧带的压力，使人在睡觉时仍然得不到休息，此外，还会增加胸部、心脏、肺部及面部的压力，导致睡醒后面部浮肿，眼睛出现血丝；向左侧侧卧式也不大可取，这种姿势会压迫心脏。

（4）注意一些小细节。如枕头不宜过低，也不宜过高；不要盖得过多，这不利于睡眠中的呼吸。还要注意睡眠中的保暖，在天气炎热的夏季，睡眠时尽量不要让风直吹头部和身体等等。

下面列举一些，与睡眠相关的坏习惯，如果你有这些坏习惯，务必要抓紧改正，力求使自己有一个良好的睡眠习惯。

（1）饭后即睡。这会使大脑的血液流向胃部，由于血压降低，大脑的供氧量也随之减少，造成饭后极度疲倦，易引起心口灼热及消化不良，还会发胖。如果血液原已有供应不足的情况，饭后倒下便睡，这种静止不动的状态，极易招致中风。

（2）伏案午睡。一般人在伏案午睡后会出现暂时性的视力模糊，原因就是眼球受到压迫，引起角膜变形、弧度改变造成的。倘若每天都压迫眼球，就会造成眼压过高，长此下去视力就会受到损害。

（3）睡前不洗脸。留在脸上的化妆品不洗掉，会引起粉刺和针眼之类的炎症，还能使眼睛发炎，引起皮肤过敏反应。

（4）睡前不刷牙。睡前刷牙比起床后刷牙更重要，这是因为遗留在口腔中和牙齿上的细菌、残留物在夜里对牙齿有较强的腐蚀作用。

（5）周六日睡懒觉恶补睡眠。睡懒觉无法有效补充睡眠；相反，睡懒觉会使大脑皮层抑制时间过长，天长日久，可引起一定程度人为的大脑功能障碍，导致理解力和记忆力减退，还会使免疫功能下降，扰乱肌体的生物节律，使人懒散，产生惰性，同时对肌肉、关节和泌尿系统也不利。另外，血液循环不畅，全身的营养输送不及时，还会影响新陈代谢。由于夜间关闭门窗睡觉，早晨室内空气混浊，恋床很容易造成感冒、咳嗽等呼吸系统疾病的发生。

（6）起床先叠被。人体本身也是一个污染源。在一夜的睡眠中，人体的皮肤会排出大量的水蒸气，使被子不同程度地受潮。人的呼吸和分布全身的毛孔所排出的化学物质有 145 种，从汗液中蒸发的化学物质有 151 种。被子吸收或吸附水分和气体，如不让其散发出去，起床就立即叠被，易使被子受潮及受化学物质污染。

3.5　身体力行与自我监督

不论是要去改掉坏习惯，还是要养成好习惯，对于年过四十的人都不是一个简单快捷的过程。它除了需要我们上文所说的勇敢和虚心外，还需要在自己切身的实践过程中去做到身体力行，同时，做到有效自我监督。

身体力行，指的是要亲身体验，努力实行。不能仅仅把一件事放在嘴边而不去干。我们在日常生活中常常见到很多人，每次抽烟或饮酒都说自己要戒，但每一次都没戒，不但没戒成，而且可能一次比一次抽得凶喝得凶，这就是身体力行的反面，光说不练。

其实，大多数光说不练的人，并不是不知道一些坏习惯对自己的危害，也不是不想改掉坏习惯，养成好习惯，只是缺少耐心和恒心。

在这种情况下就需要告诫自己去身体力行，真正体验一下改掉坏习惯，养成好习惯确实的好处，并努力保持下去。在这一过程中，为了防止坏习惯的复发，就需要自我监督，因为习惯一旦养成了，很难仅仅靠外部监督来改变。

自我监督，意思其实非常简单，就是指一个人通过内心的警觉或内在的行为准则对自己的言行进行监督。自我监督也有多种方法，概括起来主要有以下几种：

（1）自我警觉法。这种方法，就是事先定好行动计划、目标、要求，在行事时以其提醒或告诫自己，以便我们自觉地克服与之相背离的思想行为，改变不良习惯。其实说白了，就是时时自我提醒，不要忘记自己定下的方向、要求。

（2）自我反省法。即从别人已经犯下的错误或不良行为中检讨、反省自己，引起自我警觉，自觉地改正错误，并防止自己也犯这样的错误。所谓每日"三省吾身"就是这个道理。

（3）自我责备法。即对自己的过去有所悔悟，进行自我批评、责备、检讨，主动承担责任，设法自赎过错，弥补错失。这是防止自己再次犯下同样的错误，所谓"有错能改，善莫大焉"。

4. 人到中年也可以赶时髦

青春的珍贵在于激情的力量，朝气蓬勃的青年人总是站在时代的最前沿，引领着社会的时尚潮流。岁月如梭，那个叫时间的酿酒师，将年少的往事慢慢地串连成一个个酵母，粗心一酿，人已到了中年。虽然心有不甘，几次犹疑地转身，望着身后那扇涂满激情与奔放的青年之门，但中年的门槛还是被跨了过去。闭着眼听着那"吱呀"的一声如期响起，心里一定有一番别样的滋味，如诗人描述的那样，"中年自有中年的独特滋味"。

青年之门虽然关闭，但这不意味着你被罚下这个华丽丽的人生大舞台；相反，人到中年大都有所成就，在经历过生活的波折和种种意想不到的酸甜苦辣之后，终于告别了少年时近乎不知天高地厚的许多狂想。此时，开始懂得享受最细微的日常生活，也开始真正意识到何为尊重，何为生命。在以过来人的身份教导着身边的年轻人要踏踏实实过好每一天的同时，自己也不忘紧拽着青春的尾巴追时尚、赶时髦。

人到中年，意味着责任、自律、安详，意味着温情、包容、柔软，意味着情绪稳定、性格豁达、值得信赖。因此，中年人应感到自信，怀着满腔激情，相信自己有足够的精力再创奇迹。时髦不是年轻人的专利，有时候，中年人照样可以赶时髦，这不仅可以缓解工作和生活中的压力，还可以增添生活中的情趣，有益于身心，重新找到青春的感觉，而且还有利于代际之间的沟通和理解。总之，这种人到中年的特别感受值得品味和追逐。

4.1　时髦不是年轻人的专利

时髦，在很多人观念中，它与时尚、流行、新潮等词没有差别，并且经常含混使用。其实，时髦的含义与这些词语的含义虽然接近或者所指交叉，但还是有一定区别。时髦的东西可能流行，也可能不流行，可能是新潮的，也可能是陈旧的。准确地讲，时髦指的是短暂的时尚，在人的一切内在行为或外在行为上都可以时髦，并且短暂性和一惯性明显。时髦与时尚最显著的差别是时尚所流行的项目对社会来讲，微不足道，对社会影响很小；时尚仅仅流行于某一阶层、社区或某一同质群体之间，而时髦则流行于社会各个阶层与异质群体之中，时髦的流行时间显示出其特有的组织性。

除此以外，时髦一般还具有以下特征：（1）实现自我宣扬的工具。很多人借着时髦、标新立异、提高社会地位，但仍保留原团体中一分子的地位，所以，它是自我个体化的手段。（2）时髦具有很强的抒情性，甚至可以说它是一种抒情性的社会运动。如，曾经有一段时间，很多青年人觉得穿六七十年代的旧军装模仿父母一辈去拍结婚照很时髦，这里暗含着的是一种怀旧的情绪。

有很多中年人认为时髦是年轻人的专利。他们的理由往往是时髦的变动性很大，每一时间段内都有一个时髦趋势，中年人由于长时间养成了某种相对固定的生活习惯，又加之工作和家庭负担重，时间有限，因此没有足够的时间、精力和动力去追逐时髦。

不能否认，这部分人所提出的理由是很有道理的。因为事实的确如此，相对于中年人，青年人更容易接受新鲜事物，更喜欢通过时髦来表达自己的个性，但这并不就是说时髦就是年轻人的专利。不同的人可以追求不同的时髦。人到中年，自有适合你的时髦，而且中年也自有中年人追求时髦的优势。概括来说，相对于年轻人，中年人追求时髦的优势主要有以下几点：

（1）比年轻人更有生活经验，更能体会生活的真谛，因此对于时髦的内蕴更能把握；

（2）经济基础雄厚，可以追求更高品质的时髦，因为很多时髦的事情是需要有足够的金钱去实现的，比如时髦家居、酒类收藏等；

（3）中年人的社会地位一般较高，接触的社会群体多，更有机会去引领时髦，而年轻人则相对缺乏这种优势。

4.2　关注时髦，把握时髦

如上文所述，因为时髦是一种短暂的时尚，往往一闪即过，因此如果你想时髦就必须去关注时髦，才能把握时髦，成为时髦的一分子。

那么，如何关注时髦？其实很简单，大致说起来，就是要多看，多交流，多体会。有几种常见又有效的方式可以向大家推荐。

逛街

可以说，在现代社会，最时髦的东西，你都会在大街上找到。从服装到饮食，从家居到装饰，从美容护肤到各类电子产品，等等等等，简直是应有尽有。逛街的目的并不是一定要购物或消费，而是去感受这个时髦的时代，不被时代抛弃。

不要忽视网络

我们生活的世界早已进入一个网络的时代，现实世界中的，可以说网络世界都有，而现实世界所没有的东西，网络世界也有。可以说网络不但复制了现实的世界，还给我们提供了一个虚拟的世界，而上网本身早已从时尚正在走向生活的必需。因此，如果你想足不出户就想了解时髦趋势，一个最好的途径就是上网。

45岁的张女士，以前是个电脑盲，但是最近她从心底感谢这个时代，感谢它给了自己一个高科技的信息传递方式，给了自己一个再学习的机会，也给了她们这代人追赶时尚的机会。自从老公送给她一台漂亮的笔记本，并教会她上网后，她学会了浏览网页，还学会了在网上与人沟通，甚至还开了自己的博客，重新拾起了自己荒废了20多年的写作。现在，她可以与自己相识的朋友和一些不相识的朋友探讨不同的人生，交流自己的看法，心里想的又不想跟别人说的话都可以用键盘敲出来，自己独享，看着都开心。所有这些都从根本上改变了刘女士，不论从穿着，还是谈吐，她都有了变化，同事们都觉得她很时髦，刘女士也发现自己似乎比以前更有活力了，找回了一些青春的感觉，这一切都是源自网络的激发。

从各类时尚杂志或电视节目获取时髦信息

这个并不难，因为这类杂志可以说五花八门，应有尽有，只要你想看，到处都可以找到。如果你实在不清楚，建议你可以去看看年轻人在看哪一类型的杂志和电视节目。

参加一些社交活动，通过与人交流获得时髦潮流

有些时髦是大范围的，有一些时髦仅限于一些小圈子，而往往在小圈子里的时髦，更加具有高雅和个性倾向。因此时常参加一些小圈子的社交活动，更能让你找到一些适合自己个性的时髦方式。

能关注时髦，并不代表就能把握时髦。关键的问题在于，每个人对于不同的时髦方式的理解和接受是不一样的，比如，酒类收藏，有些人认为很时髦，有些人根本对酒就毫无感情，那就更谈不上以此为时髦。

那么，如何才能真正把握住时髦？其实，如果我们把时髦更多地理解为个性的张扬，情绪情感的抒发和爱好的展现，那么，时髦就会变得很好把握。如此，你就只需要去根据自己内心的体会，把自己的喜怒哀乐、自己的个性与爱好自由地以我们这个时代的方式去展现出来，不论是外在穿着，还是内在品位，不论是个人爱好，还是才艺，你都可能变得时髦。不仅如此，你很可能在一定群体和范围内，成为时髦的引领者。

总之一点，你必须把自己的个性和与众不同的地方融入到你认为时髦的方式中，你才能真正找到属于自己的时髦方式，真正从中体会到生命的鲜活和快乐的无限的动力。

4.3　参加一点年轻人的活动，有利于调节身心

如果把广大中年朋友主动追求时髦，张扬个性看作是间接地找回青春活力，那么，还有一种方法可以让你直接的去感受青春活力，那就是多和年轻人接触，多去参加一点他们的活动。

每一个中年人都是从年轻一步步走过来的，都饱含着对已逝去的青春的回忆和无限向往，而参加一点年轻人的活动会更多地激发自己对青春的留恋，找回一点青春的感觉。

如何参加青年人的活动？这个其实很简单，但有一些问题需要注意。

一定要忘记自己的年龄，尤其和晚辈一起时，一定要放下自己的架子，真正融入到年轻人中去；

要去参加那些青年人喜爱的活动，有些活动虽然有年轻人参加，

但他们可能并不喜欢，也并不能体现年轻人的活力；

虽然要放松，但还是要考虑一下自己的身体，因为中年人的身体毕竟已不年轻了，有些年轻人的活动可能并不适于你，比如很多年轻人常常通宵达旦地泡吧等等。

其实，除了主动参加年轻人的活动，也可以策划、组织一些活动，吸引年轻人参与，这样同样可以达到和年轻人交往、交流，互相感染的目的。

如果你想策划、组织这样的活动，有一点需要注意。年轻一代的人更加注重个人性格的张扬，传统的东西对于他们的束缚不是很大，他们独立、有个性、追求时尚、对事物有自己独特的看法和价值观。从活动心理上来说，他们在活动中更加注重个人的感受。

因此，在策划这类活动时，你需要大力去发掘这个群体的一些流行语言、词汇、图形、行为和心理，并要学会将这些符号融入到具体策划的活动中，并和传播策略有机地结合，这样才能吸引年轻人参与，否则可能白忙一场。

Part 3

魅力规划：气质转变与心态调整

　　在现实生活中，有相当数量的人只注重穿着打扮，并不怎么注意自己的气质。美丽的容貌、时髦的服饰、精心的打扮，诚然，这都能给人以美感，但这种外表的美是肤浅而短暂的，如同天上的流云，转瞬即逝。我们经常会发现，气质给人的美感是不受年纪、服饰和打扮局限的。许多人并不是靓女俊男，但在他们的身上却洋溢着夺人的气质美：认真，执着，聪慧，敏锐。这是真正的气质美，是和谐统一的内在美。

　　对于年过四十的中年人来说，年龄的优势已不存在，日趋衰老的身体，逐渐松弛的皮肤都不会支撑你去单纯地从外貌上去追求美，因此，中年人从追求外在美转变为追求气质之美更为重要。

　　气质是指人相对稳定的个性特征、风格以及气度。一个人的真正魅力主要在于特有的气质，这种气质对同性和异性都有吸引力。这是一种内在的人格魅力。比如：性格开朗、潇洒大方的人，往往表现出一种聪慧的气质；性格开朗、温文尔雅，多显露出高洁的气质；性格爽直、风格豪放的人，气质多表现为粗犷；性格温和、风度秀丽端庄，气质则表现为恬静……无论聪慧、高洁，还是粗犷、恬静，都能产生一定的美感。

丰富的内心世界是气质美的首要支撑因素。内心世界简单可以表现为理想、品德、知识以及心胸。理想是人生的动力和目标，没有理想的追求，内心空虚贫乏，是谈不上气质美的。品德是气质美的另一重要方面，为人诚恳，心地善良是不可缺少的，而知识水平和高雅的兴趣也在一定的程度上影响着人的气质。例如，爱好文学并有一定的表达能力，欣赏音乐且有较好的乐感，喜欢美术而有基本的色调感，等等。此外，还要胸襟开阔，内心安然。这就涉及平素的修养。比如，开朗的性格往往透露出大气凛然的风度，更易表现出内心的情感，而富有感情的人，在气质上当然更添风采。

气质美看似无形，实为有形，它是通过一个人对待生活的态度、个性特征、言行举止等表现出来的。气质外化在一个人的举手投足之间，如走路的步态，待人接物的风度，皆属气质。朋友初交，互相打量，立即产生好的印象。这种好感除了来自言谈之外，就是来自作风举止了。热情而不轻浮，大方而不傲慢，就表露出一种高雅的气质。

从以上对于气质之美的分析来看，气质之美的组成是相当复杂的，但其归根结底的因素是内心。对于中年人来说，在气质转变的同时，也是一种心态的调整。因为，中年人的心理活动和精神世界应该是最丰富也是最复杂的，而受之影响的情绪也是最易变化、最易波动的。一个健康、稳定的心态，决定了一个人的一言一行，也决定你给人留下的印象和气质。因此，本章将中年人的气质转变与心态调整放在一起综合讨论。

1. 做一个有气质的中年男人

四十岁，对于男人来说，可以说是人生中最迷人的年纪，因为不太年轻也不太老，多年的生活经历与社会磨砺，使得他们基本上克服了少年人的幼稚和青年人的狂热，他们不会像年轻的男人那样过分激动与偏激。多年的社会经验使得他们能从容理智地审时度势，并且处事老练。中年的男人此时大都处于一种事业的高峰期，要么拥有金钱或地位，要么拥有才干与学识。在多年的婚姻和感情生活中，在对妻儿的尽责中也让他们变得更加的体贴、温柔与善解人意，这个年纪正是去追求做一个有气质的男人的最佳时光。

1.1　"稳、准、狠"——毛孩子可没有这些

到了四十岁，我们常将那些十八九岁、二十出头的人称为"毛孩子"，这里还有一种贬义，意思是年轻人的那种思想与行为的不成熟。那么，人到四十恰好摆脱了毛孩子的那种不成熟，走向真正的成熟。

成熟有多种表现，它包含了思想、行为和心态。在具体的特征上，我们把它总结为"稳、准、狠"三个字。

稳

在基本的层面上，"稳"指稳重。在外在的表现是沉静庄重，多年待人接物的历练让他们举止得体而不轻浮，他们说话的语气不急不慢，张弛有度，他们对待新事物的态度很从容，不会有年轻人夸张和好奇的表情。在处事上，多年的经验和教训能够让他们思虑缜密，不会浮躁冒

进，比较可靠，谨慎而踏实。

除了这基本面外，中年男人的稳还表现出在坚强和责任心上，所谓稳如泰山、坚如磐石就是这个意思。坚强是成熟的标志，在逆境中，在突如其来的打击面前最能审视一个男人是否坚强，坚强有时不一定能解决问题，但给解决问题提供了最大的可能。成熟的中年男人勇于承担责任，虽然有些过错并不都是他造成的。

因为稳重，因为坚强和勇于承担责任，所以又会相应地延伸出宽容与包容。宽容本身就是最有力的责备，他不会在烦琐的细节上与人争高低、论得失，尤其是与女人，这也是女人最欣赏的品质之一。特别是当女人自己也意识到错了时，此时更能体现出男人的风度，而包容就是包容自己的家人，包容朋友，包容爱人。亲情，友情，爱情是男人必须珍惜的，爱人是你心身停泊的港湾，要做到包容和呵护，不能让她失望。

准

"准"，即是准确，这里包含了两层意思，一是能准确认识事物和人，更能一眼看穿事物的本质和人的本性；二是说对正确与否，以及事态走向的判断力。总之，"准"是睿智与阅历的体现，人生经验和智慧的体现。在一个如此充满竞争的时代，不论是普通的上班族，还是领导一个公司的精英人士，我们的每一天都好像是在打仗，而战机稍纵即逝。作为决策者，判断力很重要，就像战争中的将军一样，我们在面对各种阴谋诡计、各种复杂事态时，都需要准确的判断力，因为一个决定可能会全军覆没，也可能大胜而归，而这一切都取决于判断力。

人到四十，应该经历过的大部分都已经经历过，不论是成功的还是失败的。人到四十在知识储备上也基本达到了一生中最佳的时段，在思维的细腻缜密上更是其他年龄段的人所不可比拟的。这一切的一切都造就了人到四十对于事物判断的准确性。表现在事业上，中年男人可以准确判断市场风云变幻，可以拿捏事情的轻重缓解，可以把控全盘走向。在家庭上，中年男人可以从容不迫应对各种鸡毛蒜皮的小事，也可以准确平衡家庭成员之间的矛盾。而在复杂多变的各类人际关系中四十岁的人更能从容不迫、游刃有余。

狠

这里的"狠"不是狠毒，也不是狠心。这里的"狠"所形容的有两点，一是决断力，二是正确处理得失的能力。

（1）决断力

决断力是人生成功的几个最重要的决定因素之一。时间紧迫，形势瞬息万变，决策后果影响巨大。在这种时候往往需要果断决策，既不能鲁莽，也不能耽搁。因为鲁莽可能导致全盘皆输，而耽搁同样会使自己陷入被动的境地。在这里，就体现了决断力的重要性。我们不敢说那些历史上的大英雄都是决策永远正确的人，但他们几乎都有着令人敬畏的决断力。

缺乏这种决断力的人在巨大压力面前头脑容易"死机"，他的思维能力在"高速运转"的形势面前无法胜任决断需求。很多人的脑子"麻木"了，于是干脆放弃精致的思考进入豪赌的心态；也有些人陷入迷信，抱着撞大运的心理去搏；也有人"以蛮勇去克制内心的恐惧"。比如官渡之战中的袁绍，其实他有很多机会可以采取谋士的策略攻打空虚的许昌从而一举击溃曹操，但因其好谋无断的本性导致了自己不但没能击退曹操，反而最终被曹操击败。

支持决断力的心智结构有两大要素：一是判断力，二是意志力。这是明达智慧与强悍人格精神的结合，这就是人们所赞美的英明果断的内在真相。对于年过四十的男人来说，已拥有良好的判断力，而多年的摸爬滚打也相应增强了意志力，因此，对于这个年龄段的男人往往是人生中最有决断力的时候。我们可以看到，一个男人往往会在四十左右进入领导岗位，这就是一个非常有力的证明。

（2）正确处理得失的能力

得失可能是人生中永远也谈论不完的话题，因为我们随时都在得，也随时都在失。小到一块钱，大到一个公司的破产。平常到朋友的离别、亲人的离世，这一切的一切，都暗含了得与失。可以说，我们的一生都是由得与失组成，仔细挖掘生活中的喜怒哀乐，几乎都是由得失而来的，就连时间也是如此，我们在一天天变化，而时间在一天天失去。

对于男人来说，在二十岁左右时，往往为情所困，而三十左右时往往受功名所困，而对于年到四十的男人来说，往往家庭已经圆满，事业也已达巅峰，不论成败，情感也都经历许多沟沟坎坎。这更多的阅历，给予四十岁的男人以更好地体会得失的机会。

如果能够看淡得失，也许生活会多一份从容，少一份焦灼；多一份轻松，少一份凝重；多一些快乐，少一些烦恼。不以物喜才能够不以己悲；得何足喜才会失何足忧。看淡得失，是一种智慧、一种虚怀若谷、一种豁达。以一种海纳百川的胸怀，去面对生活中的种种得失，一切就很容易释然了。

1.2　培养你的幽默与豁达

除了"稳、准、狠"，一个有气质的中年男人还要培养的是幽默、豁达的品质。一般来讲，一个幽默的人必然豁达，而一个豁达的人必然有几分幽默的禀性，不然无法笑看人生百味。因此，本文里将二者作为同一种品质来处理。

幽默是一种特殊的情绪表现。它是人们适应环境的工具，是人类面临困境时减轻精神和心理压力的方法之一。幽默可以淡化人的消极情绪，消除沮丧与痛苦。具有幽默感的人，生活充满情趣，许多看来令人痛苦烦恼之事，他们却应付得轻松自如。用幽默来处理烦恼与矛盾，会使人感到和谐愉快，相处友好。幽默可以化尴尬为诙谐，为生活添情趣。俄国文学家契诃夫说过：不懂得开玩笑的人，是没有希望的人。可见，生活中的每个人都应当学会幽默。多一点幽默感，少一点气急败坏，少一点偏执极端，少一点你死我活。

当然，幽默感不是人人都有，有则好，没有也可以培养。一个有魅力的男人应该懂得幽默，幽默其实也是一种风度，适当的玩笑，开朗的性格会更加成熟，更具有男人味。

那么，怎样才能让自己幽默起来？

首先，要领会幽默的内在含义。幽默必须有趣或可笑，这是幽默的美感特征，幽默就是引人发笑，但以讽刺别人而达到自己愉快的方式，那种幽默就一点都不美，而且令人厌恶，造成许多人对自己的反感。幽默就是要机智而又敏捷地指出别人的缺点或优点，在微笑中加以肯定或否定。正如有位名人所言：浮躁难以幽默，装腔作势难以幽默，钻牛角尖难以幽默，捉襟见肘难以幽默，迟钝笨拙难以幽默，只有从容、平等待人、超脱、游刃有余、聪明透彻才能幽默。

幽默绝不能像垃圾一般，丢了就忘了，要能细细地回味，以后想起还觉得好笑，所以说幽默必须要适当，如果一直像小丑那样，没有一句话是正经的，自然而然我们就无法感受到幽默背后纾解心情的真意，反而变成我们都知道对方要说什么，一点情趣也没有了。幽默与讽刺，二者并没有太大的联系，幽默被喻为"温柔美丽的姑娘"，而讽刺则像匕首一样，刺得令人难受。

其次，要扩大知识面。幽默是一种智慧的表现，它必须建立在丰富知识的基础上。一个人只有有审时度势的能力、广博的知识，才能做到谈资丰富，妙言成趣。因此，要培养幽默感必须广泛涉猎，充实自我，不断从浩如烟海的书籍中收集幽默的浪花，从名人趣事的精华中撷取幽默的宝石。

再次，要有深刻的生活体验。幽默来源于生活，高于生活，因此，没有深刻的生活体验，无法造就真正意味深长的幽默。这就要求我们在生活中细细体会。

然后，还要培养深刻的洞察力，提高观察事物的能力，培养机智、敏捷的能力，是提高幽默的一个重要方面。只有迅速地捕捉事物的本质，以恰当的比喻，诙谐的语言，才能使人们产生轻松的感觉。当然在幽默的同时，还应注意，重大的原则是不能马虎的，不同问题要不同对待，在处理问题时要灵活，做到幽默而不落俗套，使幽默能够为人类精神生活提供真正的养料。

最后，陶冶情操，乐观对待现实，幽默是一种宽容精神的体现。要善于体谅他人，要使自己学会幽默，就要学会雍容大度，克服斤斤计较，同时还要乐观。乐观与幽默是亲密的朋友，生活中如果多一点趣味和轻松，多一点笑容和游戏，多一份乐观与幽默，那么就没有克服不了的困难，也不会整天愁眉苦脸，忧心忡忡。

幽默是人们交往的润滑剂，它在人们的生活中占有举足轻重的地位。但我们千万不能滥用幽默，一句妙语可以带来轻松与力量，但接连不断的妙语、笑话、讽刺，也能断绝沟通。我们可能会遇到这样的人，害得我们不知所措，只好赶紧逃开威力过大的幽默轰炸。

有时候我们会遇到妙语如珠的人，但我们不要起竞争之心，反而要倾听他语意之内涵，学习对方的长处，若你心中有不平的意念，一心只想用幽默来压倒对方，就可能使气氛陷入紧张，引发对方的仇视心理，就会造成以后别人对你的攻击，幽默使沟通更加融洽，利用幽默产生的开怀大笑达到与人交流的目的，让气氛非常愉悦。

2. 做一个有魅力的中年女人

　　女人的美从来不是一句话就可以概括的，女人的美不可以用漂亮或者美丽来形容。女人在她的不同年龄段，会展现出各自不同的风韵、不同的美。

　　女人步入中年，没有了青春少女的羞涩，没有了初为人妇的丰腴，却有了如秋般的沉稳成熟。这种成熟的美，体现在思想上，体现在事业上，体现在家庭生活中，体现在情感世界里……成熟女人不一定漂亮，但身上绝对有一种属于自己的味道。毕竟，天生丽质的女人只是少数，而后天的气质却是可以塑造和培养的。漂亮的女人让人眼前一亮，有独特气质的女人则令人回味无穷。

　　女人步入中年，由原来的幼稚变得成熟，由原来的肤浅变得深沉，遇事已不再急躁，可以担当重任。她们柔弱中也有刚毅，刚毅里掺进柔情，坚强时她们胜过七尺男儿，柔弱时也会如少女般含羞。

　　步入中年的女人们，不要为自己失去的青春懊恼，因为你也曾经历了青春的靓丽，不要为失去的窈窕而遗憾，因为你也曾有过淑女的美丽。还是把握自己的现在，让你的中年人生尽显灿烂，做一个真正有魅力的女人。

2.1　青春不只在脸上——你的优势在风韵

如果把女人的生命比作一棵树，那么，含苞待放即是女孩子的写照；当枝头上鲜花烂漫时，女孩子也走入了最美好的青春年华；接下来，鲜花变成果实，挂在枝头上摇摇欲坠，如丰富而满足的少妇的孕育过程；果实落下，就完成了人生一个重要的使命。当枝头的叶子萎缩卷曲，渐渐失去了原有的润泽——中年时代来到了！

时间是飞快的，有一种转瞬即逝的感觉。多数女人在十岁以前，总感觉时间过得慢，总盼望自己能快点长大，可当真正长大成人时，又要应付繁重的学业和繁忙的工作，然后是恋爱、结婚、生子，十八岁到二十八岁这段花样年华就这样不知不觉地过去了。当跨入三十几岁逐渐进入四十岁门槛时，发现自己已进入老女人的行列了。走到大街上，看到那些妙龄少女穿着五颜六色的衣服招摇过市，或者听到她们很自然地叫"阿姨"，心里总有种忌妒的感觉。年轻真好！可惜年轻的时光太短暂，当自己也开始学会怀旧时，就会发现青春已经悄悄离去了。看看镜中的自己，皱纹已悄悄地爬上额头，爬上眼角，是的，中年悄悄地来临了。

在这时不要梦想时光能够倒流，这是不可能的。时光只能前行，只能让人变得更加衰老。因此，不要再梦想着在面貌上去和年轻的女孩比。我们常会听到"男人四十一枝花，女人四十豆腐渣"的评判，很多中年女性常对自己失去的往日容颜而懊恼沮丧。不要懊恼沮丧，要善于发现和经营中年女性所具有的内在的那种气质美。这种由内而外的气质，独具吸引力，这种气质足以令那些青春女子羡慕不已。

这优势在于，步入中年，经过岁月的洗礼，你的身上散发着一种迷人的成熟气质，那就是风韵。这风韵如同美酒佳酿，愈久愈香，神韵不减。此时，她们是最懂生活、最懂情感的人，她们最知道爱的真谛。她们会用自己的智慧去诠释爱的含义，她们的爱呈现出成熟的风韵。她们对父母奉献着一份敬爱，对孩子给予着一份慈爱，对爱人则会释放出一种无私的情爱。这种爱格调高雅，韵味无穷。令人为之倾倒，为之沉醉。

在女人的成长中，生育是一个很重要的事件，是对女人天性的一次陶冶和复苏。孩子的养育过程也是重新体验人生的过程，只不过那是通过另一个生命来完成的。女人在中年到来时，实际已经经历了两次成长，第一次是自己的，是处在朦胧懵懂中的成长，另一次则是与孩子一起的成长。经过两次成长历程，女人多变得温和友好、平易近人，生命越丰富，包容性就越强。这是女人生命中最丰富的收获。

中年女人的风韵还表现为一种成熟和沉稳。她们用自己的热情陪着家人走过了春之萌芽，夏之热忱，秋之丰收，冬之回味。陪着丈夫走过相濡以沫的岁月，使婚姻变得更加牢固；多年的艰苦创业，事业上终于小有成就；望子成龙盼了十几年，孩子也长大成人；她们告别了"春闺少妇"的脆弱和天真，走向了成熟和沉稳。她们不再遇事急躁，在变故面前也不会六神无主。面对复杂的问题，她们能给小辈一些切实可行的意见和建议。对生活有了丰富的积累，性格不再那么脆弱，对家庭执着的爱已成为一种生活的动力。为丈夫、为子女，无论做什么，她们都无怨无悔。她们在事业上经历了无数的挫折和坎坷，也克服了男人所无法想象的无数困难。她们栉沐岁月的风雨，于是她们会更加胸有成竹，她们对工作更加仔细认真。女性天生的细腻使她们待人更加体贴。作为上司，她们会是一个比男人更精明、更成熟、更有韧劲的"大姐"上司。不会为一时的困顿而失去信心，更不会有什么失落而遗憾，因为十几年的婚姻、家庭生活和职场的历练，已经教会她们为人妻母，为人上司，就必须付出更多的艰辛，所以她们用从容踏实的步伐顺其自然地走进中年，走出一份自信，走出一份成熟和沉稳，她们不会再像年轻时那样任性。成熟和沉稳，不是天生的，而是她们在克服事业和家庭的种种困难的过程，所获得的回报。

中年女人的风韵也表现在高雅的气质和雍容的风度上。她们明白青春永驻是不可能的。青春美貌只是人生的过客，你来不及与它缱绻情长，它便倏然离去。中年女人的气质和风度，是年轻的小女子所无法企及的。中年女人，既没有残红退尽，又有深刻的内涵；既充满智慧，又含而不露，她们知识丰富，思维敏捷。不会为自己的年龄而惊慌失措，更不会处处去抢风头，故意显示自己的靓丽。她们就是蚌里的珍珠，每一次潮起潮落都是对她们的考验，每一次与沙的磨砺都是她们苦与痛的积累。经历人生的风风雨雨，她们瘦弱的肩膀抗得住整个世界。岁月的打磨，造就了中年女人的高雅气质和雍容的风度。她们可亲而不可近，她们虚心而不卑贱，她们富态而不骄矜。

中年女人的风韵还表现为默默无闻的奉献。格言说得好：每个成功的男人背后，都站着一位伟大的女性。好女人为男人分担了家庭事务，好女人为男人分担了对父母的赡养，好女人为男人分担了对子女的抚育，好女人为男人分担了对亲戚朋友的应酬，好女人为男人分担了来自社会的误解和攻击。正如著名作家梁晓声说："当你走向战场和类似战场的生活，身后有一位好女人相随和支撑着，那死也不是可怕的了。"可见，好女人对男人的成长、成熟和成功的作用是何等的重要。

中年女人的风韵有十分丰富的内涵，因而具有极大的魅力。无论你是柔情似水，还是冷峻刚毅，无论你是激情似火，还是平淡若水……

总之，成熟是一种美，健康也是一种美，自信是一种美，认真工作、热爱生活也是一种美。

中年女人的风采值得全人类的赞美。女人的风采，在男人眼中是一幅意境优雅的风景画，她们集神韵于一幅；是男人心中的一抹彩虹，艳丽而层次分明；是一首首意蕴深厚的亮丽诗笺，深刻而隽永，更是柔美且坚毅的半边天，以女性特有的神韵丰富着男人的人生。她们的风采来自自信，是与生俱来的内在个性，更是后天修养所凝聚起来的内涵。她们是一块最完美、最精致的美玉，晶莹剔透、圆润光滑，散发着迷人的光彩……在不经意间的流露，是腹有诗书气自华的自我释放。所以，中年女人不仅理所当然地得到男人的赞美，也理所当然得到全人类的赞美。

让我们的中年女性朋友充分展示她们亮丽的风采吧！让我们每一个人沐浴在中年女人的亮丽风采里愉快生活吧！让全世界在她们亮丽风采里变得更加五彩缤纷吧！

2.2　莫让家庭琐事束缚——亮出你的风情

女人步入中年，会遇到很多的压力，这种压力有来自社会的，而更多的可能来自家庭——公公婆婆、老公、孩子，柴米油盐酱醋茶，做不完的家务……这一切的一切就像一张网，压得人不得喘息。与此同时，压力也让很多中年女性因为生活的琐碎而变得喜欢唠叨，喜欢计较鸡毛蒜皮的小事。是的，在漫长的岁月过去后，我们经常会发现，中年女人们精神的发展已经滑向了两极：炉火纯青的成熟女人和粗俗琐碎的平庸女人就同时出现在小时一起玩耍一起学习并且不相上下的伙伴之间。偏见和固执成了许多女人停滞不前的原因。这是许多女人不得不面对的自己。

如何才能摆脱这种境遇，那就是要勇敢地尽可能地抛弃一些无聊、无用的琐事的缠绕，使自己能拥有更多自由支配的时间。当然，这不是说要抛弃家庭，因为家庭依然是你生活的支柱，每一位家庭成员都是你最亲、最爱的人，你依然要为父母尽孝，为丈夫尽忠，为孩子尽责。这里摆脱和抛弃说的是一种心态，就是要走出家庭这四壁窄小的区域，让心灵触摸更宽广的天地，让自己亮出独有的风情。

当你走出家庭，首先开怀大笑一下吧。因为在人的情绪中，只有欢笑是有益人体健康的一种生理活动。欢笑时，人体的各个器官能产生协调一致的振动，使神经处于兴奋状态，通过神经调节而促进人体分泌有益于健康的激素。开怀大笑有助于使心中的郁闷情绪得到疏导，使脸、颈、背、胸阔肌、腹肌反复收缩及放松，呼吸功能增强，使人吸入更多的氧气。肌肉、组织得到血氧的供应，功能得到正常发挥。有了这健康放松的身体，你才能有足够的精力完成你"离开"家庭的旅程。

笑完之后，好好地打扮自己一下。不要头发蓬乱、鞋袜破旧，衣衫过时，不要让自己看起来没有丝毫精气神。很多人借口没有时间、没有工夫，要从根本上改变这个思想观念。要从根本上改变自己已经是个中年妇女的心态。俗话说"人靠衣裳马靠鞍"，虽然打扮不能让你再返青春，但起码可以让你更亮丽，充满自信。

适当的修饰、得体的衣着，是中年妇女出门的首要条件。首先是一头一尾。头，就是头发。中年妇女的头发至关重要。夏日以短为主，过长的头发难以打理，花费时间也多，短发精神，也易梳理。要想美观大方，可以烫发染发，人一下子就显得格外精神；其次，尾，就是鞋子。鞋子的搭配极为讲究，但不要无谓地去追求品牌，建议只买一双好牌子的鞋子（在重要场合穿），其他时间可以在市场上购买便宜些的时装鞋搭配穿就可以；第三，衣服搭配的问题。比如夏日，市场上销售的女式衣服，多是以黑白为主，这也是妇女着装的主要潮流。人说要想俏一身皂。知识女性以素雅为主调，上下衣服要有过渡，比如上衣是一件白点黑底的无袖衫，下裙可配黑裙，黑鱼尾裙，或者黑裙为主下摆带黑白花边，都是首选。鞋子可配黑色鞋，或黑白相间的都行。全身如果主色调是白色，鞋子最好也是白色为佳。其实，在夏日还可以换位思考，不一定妇女就一定定位在黑白之中。还可以选择适合自己身份性格的色调，比如知识女性可以选择淡绿色调的衣裙（可配白色小坎肩），丰满一些的妇女可选择西洋红色调的衣裙（因人而异），等等，必须要有自己的性格特征。在挑选衣服时，因套装价格比较昂贵，可以自己在平时上街的时候，自行配置衣服。这样有时一件衣服可以配出几套的穿法，既省钱又美丽，何乐而不为。

只重视外表的打扮肯定是不行的，尽管年纪已经不小了，你还需要学一些新东西。过去有句俗话"人过三十不学艺"，这话在如今是行不通的。我们所处的世界日新月异，不学习就会被时代所抛弃，真正成为一个"老女人"。不学习，只能使自己头脑渐渐空虚，使生活更加乏味，而追求新知，不断学习，不但会使人感到心理上满足和充实，还可不断刺激脑细胞，使思维活跃，反应迅速，有助于预防脑萎缩，减缓大脑的衰退速度。如果有可能，最好利用点滴时间，看一些对自己有益的书，充实一下自己的心灵。年轻对于女人是短暂的，但智慧却是长久的。女人留不住青春，但可以留住智慧。

打扮完，冲完电，塑造一个亮丽自信的充满智慧的自己之后，要去结交更多的朋友，参加更多的活动。他们会使你发现家庭之外的新天地，他们会是你生活中、工作中的良师益友，让你忘记家庭琐事的无聊，让你重新充满活力。如果有机会，还要尽可能地去亲近大自然，游览一下祖国的大好河山，以避免年老时有时间却无体力去享受。

经过这么一遭，相信你会重新发现自己，重新回到那个风情万种的自己。

2.3 少女梦想不能灭——绰约你的风姿

在经过了众多的风风雨雨之后，当告别了昔日"春闺少妇"的脆弱和天真的幻境，步入中年时，在他人眼里，似乎已经告别了爱情的浪漫。在人们的眼里，她生活的全部就是她的家、她的孩子、她的亲人。她为了亲人，可以完全忽略自己，舍弃自己的工作，一心一意做个家庭妇女，不知道吃好的，不知道打扮自己，也不知道出去游玩。是的，生活中有太多太多这样的女人，现实生活的残酷磨灭了她们少女时代的各种理想，而换来的并不是自己想要的生活。

在这时，千万不要就此委身给现实，你依然需要少女时代的各种理想。

在经过岁月的打磨之后，中年女性爱的激情渐渐地被生活淡化了，爱也被家庭琐事给淹没了。可是，不要以为，人到中年了，老夫老妻了，就不需要再谈爱了。人到中年，爱情之花更需要浇灌、需要更新，更需要注入新鲜的东西。人到中年，其实爱情更渴望浪漫，而不是平淡的生活。人到中年，依然要有梦、有故事。可以重新体味爱情，可以与老公重新体验初恋情怀。当回首身后曾经走过的路，印迹着或深或浅的步履，那是每个日子留下的迥异的风景。你还可以把自己打扮得靓丽一点，常常地给老公制造一些惊喜，给爱涂抹上一丝亮色。那样，你所收获的，就不只是一份普普通通的爱情，而是一份融合了亲情的爱情，它比所有的爱都持久、醇厚。

　　还有部分女人到了中年，常常沉浸于琐碎的生活和感情的困惑当中，特别是今天，中年女人的感情困惑更是普遍，许多人发现自己从一开始就错了，如果岁月倒流，她们会选择重新活一遍。这个阶段是女人真正认识男人的时候，她们发现，男人和女人在感情这个问题上简直就是两条道上的车，不能对他们抱太多的幻想。少女可以一切从现在开始，而中年女人却是从过去开始的，而过去有许多事情都无法弥补和挽救，这是许多女人生命中不可避免的缺憾。在这种情况下，如果自己的老公真的不是自己理想的那一半，不妨真的进行一次再选择，放弃旧的，重新寻觅理想伴侣。因为即使四十依然不是风烛残年，依然还有漫长的人生道路要走。就像一株花，过了一个严冬依然可以发芽，依然可以重新绚丽、摇曳生姿。

　　爱情固然重要，事业理想依然不可或缺。因为并不只是男人才有事业心，作为拥有独立人格的女性群体，除了爱情和家庭的需要外，她们也需要在事业上得到价值体现。中年女性，孩子渐渐长大，时间和精力都逐渐富足，正是可以放开手脚去实现理想的大好时机。我们经常看到，在各种行业中，中年女性都有着自己成就。如果你想干一番，不妨放开手脚去做吧。

　　还有的女性在年轻时拥有各种文艺爱好，如写作、音乐、绘画等，但在婚后因为各种原因而放弃。在到中年之时，不妨重新拾起，因为那是理想的凝聚和外在表现，不但可以陶冶自己的情操，还可以调节身心，抚慰心灵，展现一个女人的各种风姿。

　　这所有的一切理想追求，都是为了中年的你重获天真。这种天真不是少女时代的朦胧，而是一种性情和素质，是否定后的肯定，是漂泊后的回归。不老的女人有两大珍宝：梦想和纯情。是梦想让你永远在做着自己想做的事情，是纯情让你保持着独有的风姿。到了这个时候，你依然要用理想来完成对自己的塑造，描绘出不同的风景，演绎出更加丰富的人生故事，并且要不停止地追求理想和幸福！

Part 4

赡养和抚养规划：上有老下有小

"上有老下有小"，这是在生活中经常听到的一句感慨，简简单单的六个字，便概括出了中年人所要面临的现实处境——上要赡养父母，下要抚养子女，而且，在大多数情况下，说出这句话的人，多带着苦衷溢于言表的神情，借助于这句话发出对生活的感慨。

我国长期以来实行计划生育政策，在二胎政策开放以前，一个家庭只允许要一个孩子。在世界老年化的大背景下，伴随着人们现代社会价值观念的变化，将来很多家庭可能出现这种情况：那就是一对夫妇要照顾双方父母，共四位老人，还得外加一个孩子，人们将这种家庭模式称为"4+2+1"模式，并且打趣地称这样的夫妇是"夹心族"。"夹心族"，这是一个多么形象的比喻，中年人变成了夹在老人和小孩这两片面包中间的奶油，父母和儿女，他们都需要我们的照顾，需要我们的陪伴，需要我们的付出。学术界就把"夹心代"定义为同时有小孩和至少一个健在父母的人群。现在在大众媒体和其他领域，"夹心代"问题也开始引起了广泛的关注。

岁月不饶人，中年的到来也让人觉得是片刻之间发生的事。尽管如上文所说，要"被夹"，要面对年迈的父母、尚未长大成人的孩子，还要保持事业的顺利发展，家庭工作两不误。但是，"上有老下有小"是一种别样的幸福，不经意间，我们会感叹——上有高堂可膝前尽孝，下有儿女可传承血脉，这是何等的欣慰啊！

在中国的传统文化中，"父母健在，儿女双全"，历来被认为是理想的家境。双亲尚在，我们还可以尽孝顺他们的责任，还可以做一个他们眼里永远长不大的孩子；孩子尚小，还要我们操劳，我们就更有拼搏的动力。为儿为父者，为女为母者，那种牵肠挂肚的孝，那种费心劳神的爱，都是无怨无悔的。不管生活怎样艰难，无论命运如何坎坷，人们总是抱着"但愿人长久"的信念，总要极尽可能地去维系与呵护这"上有老下有小"的美满。它饱含纯朴的天下第一情，拥有神圣的人间天伦乐。因此，上有老下有小的时候，我们应该感到幸福。

总之，我们一切的付出，都有家庭在背后支持和关照。无论在外面遇到多大的风浪，上有老下有小的幸福家庭，都是人生中最美妙的港湾，是我们永远温暖的怀抱和永远精准的航向。那么，在忙于工作、累于生计、赡养父母、抚养子女等诸多责任义务集于一身的时候，做好赡养和抚养规划就是十分必要的了，如何长久且有效地经营好家庭，让家庭成员都感到幸福？如何处理与公公婆婆、岳父岳母之间的关系，握好人生这块"宝"？如何成为孩子成长路上的良师益友，而非绊脚石，伴随他们度过快乐的时光？这些问题都是本章要集中探讨的。

1. 幸福家庭有秘诀

家庭是人类历史上最古老的一种制度，在社会的进步与发展中发挥了重要的作用。家庭是社会的基本细胞。自古以来，稳固、和睦的家庭往往会形成和谐统一的社会，反之，如果各个小家庭都处在四分五裂的局面中，那就意味着整个社会也将面临崩溃的边缘。家庭之于社会，就如人体身上的千百万个细胞，家庭构成社会，社会也从反面影响着家庭。

那么，什么才是幸福的家庭？可能不同年龄段对幸福的诠释都会有不同的含义。小时候，读书成绩好，受到师长的表扬，心里觉得就非常的幸福；长大了，找到一份不错的工作，挣钱多就意味着幸福；到了结婚的年龄，找到一个好伴侣，有房、有车，功成名就，这个时候就是幸福……

在一项关于"什么是幸福美满的家庭"的调查中，参与调查问卷的人，给出了以下这些个或短或长的答案："父母慈，儿女孝，尊老爱幼；家人关系融洽，遇事有商量；经济上过得去，衣食无忧""夫妻坦诚相待""既没有什么奢侈品，也不缺少必需品！善待双方老人，体谅对方，爱护孩子""在一起互相理解，互相关心，不猜忌对方，给对方空间，彼此忠于对方，始终爱着对方，有一个可爱的孩子，听话认真，过着想要的生活，足够了""在一起互相理解，互相关心，不猜忌对方，给对方空间，彼此忠于对方，始终爱着对方，有一个可爱的孩子，听话认真，过着想要的生活，足够了""一家人在一起""理解，宽容""需要用爱去经营。爱就是忍耐、包容、信任"……

这些都是真实而又朴实的回答，没错，一家人在一起就足够了。对于在外拼搏将近半辈子的中年人来说，人生最大的幸福就是——上有老下有小的时候。这个时候，中年人已逐渐成长为家庭和社会的栋梁，已积攒了不少社会经验，有成功，也有失败，有扬扬得意、自得其乐的体会，也有一蹶不振，垂头丧气的慨叹。但无论如何，真正细想下来，上有老下有小的家庭，就是一个温暖的安乐窝。

想象一下，一个幸福美满的中年家庭，一家人其乐融融的情景。晚上下班后，进门能看到忙忙碌碌准备晚饭的母亲和爱人的身影，一家人在一起快快乐乐地共进晚餐，大家一起畅谈当天的所见所闻，儿女兴致勃勃地谈说学校里发生的事。父母被逗得嘻嘻哈哈，开怀大笑。这是人生多么惬意的一种享受啊！

上有老下有小的时候，作为中年人，我们应该感到幸福。因为我们已经褪去了青春的青涩，洗尽了铅华，懂得了感恩，懂得了回报，懂得了珍惜和付出。父母都还健朗，我们可以孝敬他们，可以缠绕在他们身边，还可以做一个他们眼里长不大的孩子，感受那份永远不会苍老的父爱母爱；因为自己的孩子还在成长阶段，还要我们养育和操劳，我们就更有了努力拼搏的动力。

不知你们有没有从反面去想，按照正常的生命自然规律，老人驾鹤西归的时候，为人儿女的我们恐怕年纪也早已不小，生命的黄金时代早已过去，那个时候，"子欲养而亲不待"，真的是一种生命中永远不能弥补的遗憾，这如何算得上是完整的幸福？在还没有儿女的时候，我们的人生也不是完整的，生活的历练还没有使我们完全成熟。生命的完整和圆满始终要等到孕育下一代才算完成。因此，为家庭、为生活，我们的奔波和努力才更有了希望和目标。无论在外面遇到多大的风雨，家庭的港湾是我们永远温暖的怀抱。我们的辛苦和付出，都有家庭有父母在背后的支持和鼓励，即使再苦再累，也是值得的。

说到这里，一个问题就出现了：如何给幸福家庭保鲜？如何让家庭长久地沉浸在爱的宽松氛围中？如何解决那么突如其来的家庭危机？这恐怕也是每个步入中年的人应该关心和在意的问题。1994 年，联合国社会发展委员会做出决议，从这一年开始，将每年的 5 月 15 日定为"国际家庭日"（International Day for Families），这昭示着人们要用生命和爱来建立温暖的家庭，提高社会对家庭的关心以及家庭问题的关注。

我想说的是，幸福家庭有秘诀。每个幸福家庭必定都是在家庭成员彼此公允的规则中不断被经营才得以完善的。要知道，生活的压力是存在的，家庭内部的大事小情，你怒我笑，更凸显出"责任""宽容""理解"这些字眼的重要性。

想想老人和孩子，终有一天会和自己分手，一个进入了不为人知的虚无世界，一个有如翅膀硬朗的大鸟，展翅而飞。到那个时候，上有老下有小的日子，便会成为最真实的记忆和一生的怀念。我们没有理由不去珍惜生命里上有老下有小的日子，那是上苍赐予自己最美好的一世情缘。世间，有一种压力，叫上有老下有小；还有一种责任，叫上有老下有小；更有一种幸福，叫上有老下有小！什么是人生最大的幸福——那就是上有老下有小！

下面，我们分三个主题来具体探讨，关于掌握幸福家庭秘诀，经营好幸福家庭的问题。

1.1　莫把自己当唯一支柱

人到中年，往往同时要面对赡养父母、教育子女和偿还房贷这三座"大山"，经济压力相当繁重，心理压力也可想而知。俗话说，家里缺不了"顶梁柱"，在传统观念中，家里的"顶梁柱"要支撑整个家庭，维持日常生活的正常运转。但是，现在社会上出现了许多，诸如"女强人""家庭煮夫"等等新词汇，这充分说明随着社会的进步、观念的变化，"男主外，女主内"的传统模式也在悄然发生改变。对于中年人来说，也应该紧跟时代的步伐，适当地做出一些改变和理念上的转变。

中年是另一辈子的开始，为了自己，也为了家人，千万莫把自己当唯一支柱。有人说，"生活是需要不断地简单化的、不断取舍，人才可能越来越通透"，人到中年，就要适当地放慢生活的脚步，保持乐观的心态，多做一些减法。

大家都说，压力就是动力，但中年人跟年轻时候相比，很多方面都失去了以前的优势。对于中年人来说，这份压力更多的是一份责任，一种义不容辞。这种责任，我们的父母曾经担起过，需要我们代代相承。殊不知，每一份完整的人生，都应该肩负起这种责任。只要人类存在，我们就应该让生命一代代地繁衍下去，直到永远。

（1）让自己不时"幼稚"一下

中年人处在"夹心层"的尴尬位置，忙忙碌碌地追逐名利也是迫不得已，将自己定位在家庭的"主心骨"，习惯了在风口浪尖的拼搏，岁月无痕，不知不觉间失去了很多美好的东西。有时他们会羡慕年轻人充满幻想、享受激情，有时也会羡慕老年人安逸闲适、简单快乐的日子。

其实，中年人往往是被生活束缚住了，被自己束缚住了，只知低头赶路，而不去辨清未来的方向，也不懂欣赏身边的风景。何不让自己不时地"幼稚"一下？扮演一回除却"为人母、为人妻"等之外的角色，真正做一回自我。下面是一些小建议，中年朋友可以参考一下：

抽出时间与爱人来一次探险旅游

做一次社会志愿者，奉献爱心

放下手头的公务，与家人一起去野炊

花点精力捡回自己遗失很久的嗜好

让自己像个孩子一样放纵身心

回一次阔别多年的故乡，与亲人重逢

到先祖的墓前献上一束花

时间和情感对于中年人来说都是奢侈品，在这些放松的活动中，反倒能够找到事业的激情，感悟生活的真谛。所以，中年人要充分地挖掘这件奢侈品——时间以及情感的价值。

（2）分担家务

美国一家研究中心最新民意调查结果显示，越来越少的美国人认为孩子是婚姻成功的关键，更多人认为分担家务才是最新的幸福婚姻密码。

中年人搭伴过日子，天长日久，多是女性包揽了家里的所有家务活儿，男性在外挣钱养家。特别是 60 年代成长起来的人，更是如此。当下 80 后新新人类可不如此，家庭分工明确是必须的，就连分工都有新招儿，一个骰子就搞定。这是一种特殊的骰子，骰子的六个面上并不是数字，而是琐碎的家务活名称，如买菜、做饭、洗碗、洗衣、擦地，还有一面为待着。这样，用掷骰子的方法，分配家务，讲求公平，一定程度上可以提高做事效率。对于这个备受年轻人追捧的家务骰子，中年人偶尔尝试一下，抛一抛，决定家务分工，倒也能给生活添几分浪漫。不论丈夫，还是妻子，我想没有一个人是该被固定在一个岗位终生奉献的吧！

从另一个角度来讲，社会上的男女都是平等的，没有什么所谓的地位高低。中年人也该换换观念，家里洗衣、买菜、烧菜、擦地板等这些细碎的事情最好分工合作，莫让女性成为"家务支柱"。在为家务事烦恼的时候，不妨用上述新鲜的方式解决，有助于促进家庭的和睦、和谐。

（3）家庭煮夫 VS 女强人

家庭煮夫算是个时髦词儿，它来自于谐音的家庭主妇，一般指在家做家务（包括煮饭，洗衣）、照顾孩子、伺候老婆的男人。另外，在老婆内忧外患的时候，家庭煮夫还要主动替老婆分忧。这一标准的提出，使得新好男人又提升了一个高度，也使得男主外女主内的男女分工，来了个大转换。

自18、19世纪欧洲女性主义兴起后，女性在社会生活中的附属地位也渐渐获得改善。女强人的出现，就是一个很好的例子。如同很多女性呼喊的：现在的女人比男人更累，男人借着事业的借口总可以放任家里不管，而女人不光要顾着家里还要顾着工作。以前，女人的重心在于家庭：三餐的供应、家居的整理、儿女的抚养等等，如果按照工作时间计算，必然多于男人的工作量。今日，女性在日趋平等的社会地位中，已经可以凭自己的智慧、能力，在社会上和男人公平的一较长短，可这"较量"的背后，却是女性更多的付出，"职场女强人"不仅仅是一个封号，更代表了这些女性在工作上所付出超出常人的毅力与努力。

统观下来，家庭煮夫和女强人走的都是两个极端，这或许是家庭中一方具有高度的责任感造成的吧。打造幸福家庭，可不要走向这两个极端。中年人要量力而行，对于女性来说，不做完美主义者，事必躬亲、一人独揽会极大地消耗当事者的精力，而且也未必能产生实效；对于男性来说，适时恰当地给别人以责任和义务，充分调动起周围人的主动性和创造性，从而高效率地完成各项事务。

事实证明，真正的成功者遇事并不是一人承包，而是分担责任和义务。最后要说的是，无论男女，都要学会照顾自己。在各项家庭和工作事务中，首先要关心自己、照顾自己。否则的话，将自己定位于"唯一支柱"的地位，长期无休止地付出和剥夺自己的基本需要，将可能给自己、也给别人制造出种种不幸。

1.2　完美家庭需共建

时间、精力和感情等的"投资"是对任何家庭的成功至关重要的一点。这个"投资"可称之为：承担义务与责任。换言之，完美家庭需要共同的建设和维护，特别是对家庭的男女主人而言，共同承担义务是必不可少的。

一些中年人的家庭，常因工作时间和精力这类问题，使得共同承担家庭义务成为一句空话。一位父亲这样说："有时，我感到花时间同儿子在一起，比花时间在办公室更值得。我觉得，作为一个父亲的工作比在办公室写一篇工作报告更重要。"这样看来，共建家庭，也是一种家庭规则，它就像马路上的红绿灯，决定着什么能做，什么不能做，并体现于每个家庭成员的思想观念、语言和行动中。所以，一个家庭有没有规则，与这个家庭是否幸福密切相关。

（1）和谐共处

有这样一个有意思的调查，当1500个孩子被问到"你认为什么能使家庭幸福？"时，他们没有选择金钱、汽车或漂亮的房子。他们的回答是：一起活动。他们说，做什么并不重要，重要的是一起做。他们花大量的时间一起干活、玩耍、参加娱乐活动、进餐，沉浸在快乐的时光中。

幸福的家庭认为大家共处的时间既要有意思，又要足够长。高质量的相互交流不可能在几分钟内建立起来。一位职业母亲这样写道："和女儿相处时间太少，却用'虽然只有短短的 15 分钟，但效果很好'之类的话来为自己开脱，那只是搪塞之辞。"所以，家庭成员内部的共处是一个家庭建设好的基础。如果家庭是一盘散沙，那就谈不上共建了。

（2）与家人分享更多的时间

调查发现，幸福的家庭会把更多的时间花在家庭生活上，比起不那么幸福的家庭来说，他们也更乐意和家人一起分享生活的乐趣。拿社会心理学家的话来说，这里面的关键就是"对于一个家庭来说，幸福就来源于那些彼此交流情感、共同享受生活、一起休闲放松的时间"。

下面我们可以看到幸福家庭会一起做哪些事情：

幸福家庭会一起共进周末晚餐。

幸福家庭每天都会一起做家务，并每周至少一起锻炼或出去娱乐一次。

幸福家庭成员们每天都会一起看电视。

幸福家庭每年都会一起出门旅游，或一起拜访亲戚朋友……

中年人要抽出更多的时间，抛开工作，与家人一起度过。如社会学家分析所说，其实，我们和家人一起做了些什么并不重要，重要的是，我们一起度过的是一段美好、快乐、放松的时间，这样的时间越多，我们的家庭就会越幸福。

（3）相互交流

有这样一个小故事：

狮子和老虎之间爆发了一场激烈的战争，到了最后，两败俱伤。狮子快要断气的时候对老虎说："如果不是你非要抢我的地盘，我们也不会弄成现在这样。"老虎吃惊地说："我从未想过要抢你的地盘，我一直以为是你要侵略我！"

可以看出来，沟通是多么的重要。特别是在家庭中，相互沟通是维系家庭幸福的关键，多同家人交流，可以避免许多无谓的误会和矛盾。幸福的家庭会努力捕捉对方的信息，进行有效的交流，有效的交流不一定会自然产生，它一般需要时间和实践，但有效的交流意味着消除误解。心理学家们都知道，有效地交流可以使人产生一种归属感，减轻人的失落感，减缓人的高度危机感，尤其是在家庭出现问题、发生危机的时候，有效的交流更为重要。

（4）以理解的别名去爱

泰戈尔说：爱，是理解的别名。家庭内部夫妻之间、长辈与晚辈之间都是需要理解的。爱是以理解为基础的，只有真正的理解，才会有真诚的爱。理解是人际关系的核心，人与人之间都需要理解，当别人理解了自己，将感到极大的欣慰。

有这么一个真实的故事：

法国著名微生物学家路·巴斯德在他27岁时，写信给洛郎先生，向他女儿玛丽小姐求婚。他在信里坦率地说：自己家境贫寒，没有财富，只能算是一个穷汉。同时，他还给玛丽小姐写了一封求爱信，也说明自己很穷，并说："小姐，我要请求您，不要判断得太快。判断得太快是会犯错误的……"

三个月后，巴斯德如愿以偿和玛丽小姐结婚了。婚后，巴斯德夜以继日地工作着，忘却了一个丈夫的责任和应有的殷勤。巴斯德从事许多奇异的、似乎愚蠢的试验。巴斯德夫人整夜地等候着，并惊异着……

巴斯德确实很穷，工作条件很差，没有助手，连一个洗瓶子的人都没有。每晚，巴斯德夫人坐在直背椅上，身靠小桌，为他记录科学论文……

巴斯德夫人的一切，使巴斯德深深感动，当他问及夫人，同他结婚是不是苦了她，她是不是后悔时，他夫人回答说："结婚前你已经告诉我这一切，我现在更了解了你的一切。"了解，使巴斯德夫人理解了她丈夫的一切行动。渐渐地，她学会了摘记巴斯德记事簿里的潦草的速记，并整理成文。很快，她的生命也逐渐融入他的工作里去了。

巴斯德结婚后，没有给妻子带来更多的体贴、恩爱和富足，但是，他的夫人对他却那样忠诚，毫无怨言，感到生活是幸福的，这是因为，他知道他虽然不富足，可是她有一个宏伟的理想：他为"成为牛顿或者伽利略"而劳动。她这种对丈夫的深刻的了解，使她真正理解了巴斯德。

完美家庭要共建，共建需要的是在理解基础上的大爱。有人总结了幸福家庭的十大原则，如关爱、尊重、分享、感恩、责任、沟通、欣赏、激励、反思、微笑。其中，"爱"是最重要的，中年人更应该学会理解爱人、体谅爱人，失去这种美德，人与人之间就会互不相让，如一盘散沙，没有合作的力量，将一事无成，更别说维护一个幸福的家庭了！

1.3 家庭问题无小事

中年人肩负重任，被社会和家庭裹挟，迈入了人们常说的——"中年危机"阶段，就像但丁说的，"人生之旅的半途中，我突然误入秘密森林，迷了路"。家庭问题连连，真真是辨不清方向，迷失了自己。对此，中年人不必太过于担忧，"中年危机"与生理相关，多数人无法避免，任何时代皆如此。

当下，"中年危机"话题略显沉重：事业瓶颈、情感迷失、身心病痛……有如一道道伤疤，警示着其他人。那些火热的影视剧，也大都涉及中年危机的话题，眼下社会处在转型结构的关键期，家庭问题、内部矛盾更在这种脆弱的关系中暴露无遗。

伪幸福

2010 年，一份名为《中产家庭幸福白皮书》发布，这份报告是通过对全国 10 个城市 7 万余名 20 岁～40 岁中产收入人群发放关于"中国中产家庭幸福指数调查"的问卷统计结果所得，选择中产家庭的标准为年收入在 5 万元以上。调查结果显示，有近半数的被调查者对家庭生活现状表示满意。在经济最为发达的深圳、北京、上海、浙江幸福指数最低，成为中产家庭心中"不够幸福"的城市，或者称为"伪幸福"。

经济的发展离不开人的奋斗，为了满足日益提升的物质上的需求，人们自然要付出更多的努力和心血。对这一点，中年人一定是感慨最深的。每天一早外出奔波劳碌，晚上很晚才拖着疲惫的身子回家，回到家随便吃点东西，洗个澡，看看电视上上网，然后上床睡觉。夫妻间各自为家庭付出着，这种近似机械的固定模式，甚至让彼此忘记了了解和关心对方。快节奏的生活让夫妻忘了奋斗的初衷——让自己和在乎的人都过得快快乐乐。长此以往，家庭问题根深蒂固。你幸福了吗？你不幸福！

也难怪，我们处在一个"被"时代，每个人都身不由己，似乎丧失了选择的能力，被社会浮躁的氛围所左右。物质财富极大丰富，但家庭教养、道德信仰、精神家园方面却极度缺失，伪幸福给中年人的生活蒙上了一层阴影。

过不去心里这道坎儿

几年前，深圳市精神疾病流行病学调查项目组对深圳全市户籍登记系统进行多阶段分层随机抽样，结果让人咋舌：深圳居民精神疾病总患病率达 21.19%，也就是说，深圳 5 个人中就有 1 个人有精神疾病，这个结果是 10 年前患病率的 4.4 倍。

这样的结果真让人惊叹。很多家庭危机、家庭问题的突发也来源于长期的心理压力。特别是在目前社会，家庭经济压力较大，尤其是高昂沉重的房价负担，加上工作竞争激烈、交通拥挤、子女教育成本高等因素，很多中年人极易患得患失。

这样一来，及时、定时的感情沟通显得尤为重要。心理学家认为，感情沟通能帮助在家庭成员之间产生一种亲密无间的情感，平息失意的沮丧以及避免大发雷霆。并且，专家建议，目前，我国正处于"富而求贵"的状态，开始从注重工作，逐渐过渡到需要提升生活质量、注重亲情。他建议，不要将工作当作生命，这样就本末倒置了，进入这样的状态，很容易产生心理问题，不幸福。

要想过去心里这道坎儿，那就得拿出时间和精力，实践感情沟通。夫妻间需要直截了当地说出自己的想法，及时地沟通，而不是让对方去猜测。另外，还要加强自我能力的提升和修炼，加强自我调节能力和自控力。

2. 家有老，是块宝

尊老敬老在我国有深厚的文化积淀，我们的国度早有"百善孝为先"之说，也有"子不教父之过"之训，亦有"忠孝难以两全"的情愫。每每阅读朱自清先生的《背影》，心情都极不平静，总有一种融汇其中的感觉。那字里行间不仅使我深切地感受和体验到作者——儿子晶莹泪光中对父亲背影的难忘情怀，也由衷地理解并感悟了作者父亲在车站临别时为儿子买橘子的良苦爱心。读书时候不觉得，成家立业，作为兼具父、子双重身份的我们，才更深地体会到"家有老是块宝"这句话蕴含的亲情之深。

可以说，尊老敬老是一种最基本的社会礼仪要求和道德要求。在生理意义上老人是这个社会的"弱势群体"，无论是在家里，还是在社会各种公共场所，他们是需要子女和社会去关怀照顾的对象，都应该得到年轻一代的敬养、尊重和礼让。在社会人伦意义上，老人倾其心血抚养子女，为子女、家庭辛劳一生，理应安享晚年。仅仅为了报答父母的养育之恩，子女都必须孝敬父母老人。

上有老是一种幸福，家有老人是个宝。父母在，生命才有源头，家才是你安魂入梦的地方。回到家进门，亲热地叫一声"爸、妈"，我们才能充分体会家庭的温馨和踏实。家有老人，就意味着这个世界上最永恒的亲情还在。工作和事业失败了可以重来，孝敬父母的时光却永远不能重来；父母尚在，也昭示着生命的黄昏离我们还很远，在生命的正午，我们还有许多的时间把梦想变为现实，脚下生活的路，还是那么地阳光灿烂。

上有老是一种幸福，家有老人是个宝。老人对儿女无条件的支持，更让我们感受到了父母的恩情和付出。小时候，父母一把屎一把尿地把我们拉扯成人，等到我们长大成人，成家立业，父母又不辞辛苦地肩负起照看孙辈的任务。父母的这种奉献精神是与生俱来的大爱，当他们健在的时候，做儿女的哪有理由不好好尽孝？

上有老是一种幸福，家有老人是个宝。老人都是过来人，他们丰富的人生经历会让我们少走许多生活的弯路。在长期的社会实践中，老年人见多识广，积累了丰富的知识和经验，从某种意义上说，对于家庭也是一笔宝贵的财富。老马识途讲的就是一种经验智慧的概念。作为中年人，应该把老人看作是有德、有识、有功之"宝"，对他们加以敬顺。

现在，随着经济的发展，社会结构的变化，老龄化问题的加重，我国也出现了诸如"空巢"现象等社会问题，给老年人造成沉重的心理负担。并且，随着家庭结构的改变，中年人面对公公婆婆、岳父岳母，也另有一套处理问题的方式方法。这些都是这一节着重讲述的。

2.1　我的爸妈守空巢

每逢佳节倍思亲，每年的中秋节，都是几家欢喜几家愁。欢喜的是一家三口，丈夫、妻子、孩子都和和美美；惆怅的是，没有远在家乡的父亲母亲的陪伴，团圆夜终究是一种缺憾。步入中年的朋友们，不知道中秋节的夜晚，你心头的那盘月亮是否撑得圆？

这里有一组数据，根据全国老龄委公布的《我国城市居家养老服务研究》报告，目前我国城市老年人空巢家庭（包括独居）的比例已达49.7%，与2000年相比提高了7.7个百分点。大中城市的老年人空巢家庭（包括独居）比例更高，达到56.1%，其中独居老年人占12.1%，与配偶同住的占44%。

这样看来，恐怕不只是一堆单调的数据，它的背后反应的是如今的"空巢家庭"问题。所谓"空巢"，就是子女长大成人后从父母家庭中相继分离出去，只剩下老年一代人独自生活的家庭。男大当婚，女大当嫁，没有一个孩子能一辈子在父母的怀抱里依偎着。就像小鸟长大展翅飞翔，远走高飞一样，巢穴中再也没有嗷嗷待哺的雏婴了，就剩下两位老人相依为命。可以说，空巢家庭是家庭生命周期中的一个必经阶段。

现在，随着独生子女已经逐渐长大离家，也就意味着在现在的城市家庭中，大批中年人同时涌入"空巢家庭"的行列，在"空巢家庭"的成员特征上逐渐体现出低龄化的趋势。爸妈守空巢不说，进入中年的自己也即将进入守空巢的行列。围绕这种现象，随之而来的是一系列包括经济供给、生活照顾、精神慰藉在内的问题。

孩子的离开，从空间上破坏了家庭的平衡，打乱了家庭的生活节奏。以前一家人热热闹闹围坐着吃饭，别提吃得有多香了。如今，连吃饭都不用摆桌子，让人眼前立马浮现出一幅冷清、无味的场景。过去一直围着孩子转，一旦"空巢"，便会感到生活无所适从，严重者甚至可能形成心理疾病。另外，子女的离开，父母在经济上依靠子女就造成困难，日常生活照料失去了依靠，精神上失去了寄托。老人身体好，生活尚能自理，一旦生病，子女不在身边，生活中就会有诸多不便。总之，"空巢家庭"的问题实质是老年安全发生危机。

那么，如何解决"空巢家庭"问题？这是中年人要面对的。

（1）在子女"离巢"年龄到来之前，老年人自己要做好充分的心理准备，这样可以减少心理负担，逐步减少对子女的依恋。

（2）"空巢家庭"的老人首先要安排好自己的生活，应对自己身体突发不适，可以事先与子女、亲友、邻居、社区工作者、单位同事打好招呼，以便在紧急时求得帮助。

（3）应该增强心理上的自立程度。克服孤独感的有效途径就是寻找精神寄托，老年人可以参加一些老年组织，和大家在一起多交流，多活动，充实新的生活内容，提升生命的意义。

（4）当然，子女要帮助老年父母安排好日常生活，精神上要关心父母，经常回家看望，听听他们的要求和需要。即使不能回家，也要经常打电话问候，加强彼此之间的交流和沟通，这样就能够缓解老年父母的困难。

总之，"空巢家庭"是一个需要家庭、社区、社会、政府以及个人共同努力的综合性问题。希望中年人能安排好自己生活的同时，也照料到长辈的心情、饮食起居。

2.2 岳父岳母又来了

为了兑现对妻子临终前的承诺，一个人用一生支撑起了一个与自己没有血缘关系的家庭：牺牲半生侍候大病在身的岳母，舍弃17年青春送走瘫痪的岳父，还要用一辈子养活一个痴呆的内弟。这个人，就是全国孝老爱亲模范、河南煤化集团鑫珠春公司的普通矿工谢延信。他先后荣获"全国五一劳动奖章""全国道德模范""全国孝老爱亲模范"等众多荣誉称号，并被评选为"2007年度感动中国人物"。很多人，对他的名字应该很熟悉。沧桑岁月将他的黑发都染白了，当年的小伙子现在早已退休，但对待岳父岳母的大孝至爱，这种传统美德他依然在践行着。

对于许多中年男士们来说，与岳父岳母相处可能是极具挑战性的一件事。有一个笑话，说如果一个已婚的男人突然主动加班而不愿意回家，那八成是他妻子的爸妈来了。听了这个笑话，相信已婚男士都会会意地相视一笑。对于崇尚自由的现代人来说，和自己父母住在一起有时候都是一件困难的事，更不用说和岳父岳母和平共处了。

岳父岳母毕竟不是马路边不认识的陌生人，他们可以是你获得支持和亲密关系的一个重要来源。与岳父岳母的不愉快关系可能会对自己的婚姻带来不良影响。面对岳父岳母，做女婿的普遍会出现以下一些问题：

（1）妻子似乎太在乎她父母的想法，并期望自己会为他们做很多事情。

（2）和岳父岳母住的时间越长，越发现他们对你生活上的事情有诸多意见。

（3）他们有太多要求，让人厌烦，就连妻子也开始向你哭诉。

（4）岳父岳母似乎并不知道自己烦扰着你，并对你们的婚姻生活造成压力。

（5）在生活中，出现了很多尴尬的瞬间。譬如和岳母一起看电视，中间有长久的男女亲昵的镜头。

那么，如何避免这些问题呢？以下是一些相处小秘诀，帮助中年人建立与岳父岳母的良好关系：

（1）尊重岳父岳母。在做出各种决定之前，可以适当地考虑征求岳父岳母的意见，哪怕只是短短的几句问答，也会让他们心里感到满足。再说了，尊重他们就等同于尊重你的太太。

（2）关怀岳父岳母。多腾出一些时间来，陪着岳父、岳母一起玩，带着他们去郊游、散步，或者打扑克、玩"五子棋"之类的游戏。要知道你关怀他们如同你希望太太关怀你的父母一样。公平的对待会令你赢得太太和岳父岳母的支持和尊重。

（3）特殊节日切莫忘记他们。每年的父亲节、母亲节，或者其他中国传统节日，如中秋节、春节等，记得给岳父、岳母买个礼物。一件小东西都会把岳父、岳母哄得很开心。这样有助于和他们相处的融洽、和谐。

（4）聊岳父、岳母感兴趣的话题。生活中捕捉他们喜欢和关注的话题，可以在聊天时，多探讨他们感兴趣的问题。

（5）该说"不"的时候要说"不"。说"不"永远不容易，但尽早说"不"，即表示将来的伤害愈小，因这样可排除任何不实际的期望。

（6）回避无目的的争吵。如果你和长辈为一些事情争论不休，如政治或宗教等，不要吹毛求疵。总的来说，指出别人的错误或批评别人的选择是不礼貌的，也不受欢迎。

（7）多想想你的配偶和孩子。生活就是这样的，你善待了妻子的父母，那么，你的妻子就没有理由不善待你的父母。所以，你不要计较，多站在对方的角度想一想，如果能够与岳父岳母融洽相处，代表你将可得到多一分支持。

总之，在你的经济条件允许的范围内，尽力地满足岳父岳母。对他们多一些宽容，多一些理解，让他们可以度过一个幸福快乐的晚年。

2.3　婆婆是本难念的经

常言道："家家有本难念的经"，其中一本就叫"婆媳经"。自古以来婆媳关系就很复杂，这是一个让人头疼的问题。在家庭中，两代人之间的矛盾和冲突，最明显和最常见的，是出现在婆媳关系上。随着改革开放以来，女人的地位不断提高，婆媳之间的矛盾也在随之而升级。婆媳不合，是不少中年人提起来就摇头叹息的问题。处理好了会让你的婚姻生活更加美满稳定；处理不好，相当于给婚姻埋下了定时炸弹。

　　一个男人一生最爱的两个女人，一个是生自己的妈妈，一个是娶回家做老婆的人。很多人都说疼儿子就要疼媳妇，同理，爱老公就要爱婆婆。要尽量避免婚姻中出现妈妈和媳妇一同落入水中的情况。从另一方面说，搞好婆媳关系也意味着取得了双赢的结果。

　　婆媳关系既然是中国家庭内部人际关系中的一个传统难题。那么，怎样才能念好这本"难念的经"，使得婆媳关系和睦呢？

　　首先，最重要的是相互尊重和谅解。要发展良好的婆媳关系，双方都需要学会谅解对方、体贴对方。如果婆媳双方在相处中都能设身处地为对方着想，相互谅解，那么婆媳之间非但不会出现大的矛盾，而且还会发展得如同亲子关系那样密切。

　　举例子来说，星期天去游园，做媳妇的不要只和丈夫、孩子去，把公婆留在家里，应该一同前往，这样，婆婆也就不会产生寂寞孤单的感受；反之，媳妇对丈夫照顾较多，对婆婆相对照顾不周，做婆婆的也应多予体谅。

　　其次，做媳妇的要尊重、关心婆婆。那就是遇事要多和老人商量，尽量做到"公平公开"。平时媳妇给自己的母亲送吃的、用的，最好同时给婆婆也准备一份。遇到特殊的日子，如年节、时节，或婆婆生日，要记着给婆婆准备礼物。

　　除了要尊重、关心婆婆，还必须学会适应婆婆的习惯。婆婆的很多习惯是在她们年轻的时候养成的，思想上、生活上、习惯上有时难免带些旧的痕迹。媳妇思想较新，常常不理解婆婆的习惯，她的一些举动，常会引起婆婆的反感，从而引起婆媳不合。在这种情况下，媳妇要注意控制自己，尽量照顾老人的性情和习惯。

　　最后，丈夫要发挥中介桥梁的作用。儿子在婆媳关系中扮演着"中介"角色，作为婆媳关系的中介点，儿子对婆媳双方的性格特点最为了解，因此，儿子在处理婆媳关系中起着十分重要的作用。一方面，儿子可以帮助婆媳进行心理沟通。通过儿子的沟通，婆娘之间可以更轻易地消除心理上的屏障，增进感情；另一方面，婆媳之间发生矛盾时，儿子可以起疏导作用。

俗话说："婆媳亲，全家和。"这话说得很对，婆媳关系是家庭内部人际关系中最微妙、最难处的一种关系，只要这一关系处理好了，还愁家庭不美满、不和谐吗？

3. 别成为孩子的绊脚石

上一节探讨的主要是"上有老"的问题，这一节让我们把视线转移到"下有小"上。人们常说，没有孩子的家庭是不完整的，确实，孩子的到来，为家庭增添了更多的快乐和惊喜。在一个幸福的家庭里，孩子深知如果自己病了，父母都会悉心照顾他；孩子也深知，自己要是遇上疑难，父母可以给他帮助和支持，教他行事。无论外边的世界多么危险复杂，在家里，孩子都会感到安全和温馨。

下有小是一种传承。我们的生命是从父母那里传承来的，我们有责任把生命以同样的方式传承下去，因为孩子就是我们生命的延续。他们在一天天地长大，我们也在一天天地老去，在这时间的转换里，永恒的是我们彼此的爱心。

下有小是一种幸福。为父母者在付出精力和时间抚育孩子的同时，我们其实也收获了欢乐。从孩子来到人世那刻起，我们就开始教孩子自己所熟知的一切。在孩子身上，我们有了完美的向往。可以说，对孩子的人生，我们比对自己还要认真。

回望过去，我们会蓦然发现，在岁月的风里，我们与孩子一起走了很远很远。曾经的不满、曾经的苦难，似乎都会被孩子所抚平弥补，生命被完整地装满。人到中年，当我们在感慨时间的流逝、在感激岁月的恩赐时，还有一件事别忘记，那就是不要成为孩子人生道路上的绊脚石！

在把孩子教养为身心成熟的成年人的过程中，家庭、父母、长辈无疑都作出了最好的安排。作为家长，望子成龙、望女成凤的心情，有时候左右了孩子独立发展的空间。关心到达了干涉的地步，孩子心中有不能承受之重；人到中年，步伐渐行渐缓，与年轻人比起来，不知不觉就 out 了，孩子许多行为自然就看不惯了。那么，如何在中年继续树立做父母的榜样？如何和孩子打成一片，成为他们的知心朋友呢？

3.1　要关心，不要干涉

玉不琢，不成器。人不学，不知义。孩子从呱呱坠地来到这个世界，就是在不断的家庭教育、社会教育中逐渐成人的。现在的家长有一种普遍现象，就是对孩子特别的关心，望子成龙、盼女成凤的心愿特别强烈，爱心满溢，最终都发展为"棍棒强权"，完全剥夺了孩子的想法和自由。

尽管社会观念得到了很大进步，可家长作风、大包大揽的教育仍然无法避免。中国家长很少能从心理学层面给予孩子精神上的满足和引导，在很多家庭问题的处理方式上，呈现明显的家长取向和武断倾向。正因为这样，孩子的情感需要和心灵的发展仍然成了奢侈品，负面情绪一直在积蓄，当今孩子的心理问题一点也不比白领和成人差。

有些中年人分外的关注如何给孩子一个良好的家庭教育，他们在为抚养孩子遇到的各种问题而苦恼着。他们在感慨教育孩子是一件痛并快乐的事情，在管理和教育的过程中，往往是参与越多，反作用越大。大人觉得对孩子付出的心血已经太多了，但孩子却不领情，不喜欢大人们的管理方法。那么，究竟应该以什么样的心态处理与子女的关系？对家长来说，该以怎样的方式来教育孩子呢？

中年人与子女的紧张关系，根本来源于家长和社会对孩子的重视程度太"过"而导致的。由于太过重视，管了不该管的，忘了最该管的。何为该管，何为不该管，依笔者之见，把握住基本原则——关心而非干涉，这些问题就会迎刃而解。具体来说，要注意以下几方面：

（1）要对孩子施以公心。无论孩子性格强势还是弱势，家长一定要认识到，孩子是独立的生命，具有平等的人格和尊严。他虽然是自己生养的，但长大后终归是要走出家庭、走向社会，他是属于社会的，而不是自己的私有品，所以必须让孩子学会融入社会，把孩子交给社会。要让孩子自己学着辨别真假、是非，要让孩子自己学会预防和拒绝，给予孩子更多的选择空间。这才是对孩子成长最有用的东西。如果因为怕孩子在外受委屈、受欺骗，处处护着孩子，处处替孩子着想，把许多本该由孩子自己去做的事，都大包大揽过来，结果让孩子成了永远也长不大的孩子。

（2）中年人要摒弃长久以来的家长作风，爱孩子，对孩子施以"爱心"，就要把孩子当成一个独立健全的人来培养。随着孩子年龄的增加，父母要尝试着让孩子学会自己做事，而不是事事替孩子去做。现在很多家长总怕干活把孩子累着或耽误学习，结果孩子成年了，还没有一点生活自理能力，岂不可悲？

（3）当今孩子的个性和权利意识非常强，家长可以将孩子当作一同成长的生命，你可以给他带来快乐的建议，像伙伴一样地去关心，却没有权力充当家庭监工，动辄就代替孩子做了最后选择，最终只会害了孩子，于家庭的和谐发展也无益。

（4）对孩子真正关心，那就是要将孩子放在平等的高度，来认识孩子、处理问题。因为孩子的心态如何、思维如何，完全是孩子自我的主观需要。家长们不可能完全体察到孩子内心世界的各种微妙变化和心理需要。家长有责任说服、教育孩子，却无法代替孩子，武断地替孩子决定未来；否则，这种人格霸道和爱的侵权就会给孩子心理埋下阴影。

3.2　千万别说"你们现在的这些孩子……"

有这么一种说法，评价各个时代人的特点：说 60 年代的人是"人类"，70 年代的是"新人类"，80 年代是"新新人类"。60 年代出生的父母，看着成长在 80 年代的孩子，准保会摇头愁眉，嘴里添一句——你们现在的这些孩子啊……

还有一个关于人生观的笑话，谈到结婚生子这样的人生大事的时候，60 年代说：我必须结婚生子，然后给他最好的教育；70 年代说：咱们结婚吧，但别指望我会马上要孩子；80 年代说：天哪，为什么要结婚啊？代沟，这就是代沟！有人说 3 年就会有一个代沟，要是照这么说，进入中年的为人父母和孩子之间该有多深的代沟啊？

如同上文提到的"婆媳关系"，代沟也是一个老掉牙的话题。在日新月异的社会变革中，父母与孩子的价值观取向，也从相对一致逐渐走向分裂。年轻人追求个性，强调自我价值，中年人保守，变得无所适从。尽管代沟是一种很正常的社会现象，但我们仍需要重视这个问题。父母和孩子在年龄、时代、接受的教育、生活方式等方面都有区别，所以完全消除代沟几乎是不可能的。

目前社会上的中年人大都是 60 年代出生，对于这一代中年人来说，幼时教育（来自于父母和学校）与现实社会形成了很大的反差。小时候被教导要奉献，长大后才知道自利是经济社会高效运行的基石；小时候被教导警惕自由化思潮，长大后发现自由市场经济是破除官僚、垄断的最好手段，甚至小的时候被要求好好练字，人到中年发现很少用笔写字了。

可以说，社会经历了意识形态、道德标准、价值取向的重大转变后，从一个私人财富被抑制的社会转变成对私人财富的极度崇拜，贫富差距迅速扩大，再加上科技的进步以及西方生活方式的引入，令一些中年人在观念和习惯上都感觉极不适应，好像与时代脱节了似的。面对一个看不懂的世界，中年人无力去改变，只能去适应。这一代的中年人在成长过程中，在忙忙碌碌的利益追逐中，孤独感和危机感备增。

可怜天下父母心，现在的孩子和游戏机、电脑等高科技交流多了，家长往往进不了他们的"空间"。要想一家和乐，缩短代沟，需要家长做出更多努力和耐心，但记住一点，千万别说——你们现在的这些孩子……

承认代沟

生活中的代沟，其实可以不必计较，所谓青菜萝卜，各有所爱。因此，中年人要面对代沟，不要回避，要迎刃而上。思想上的代沟，需要在沟通中进行碰撞，两代之间在不伤感情的前提下，在碰撞中取得个性的共振。不然，隔阂和漠然会越来越深。

尊重代沟，求同存异

如果两代人之间的某些差异极难协调，那么父母就该求大同、存小异，理解、尊重子女的生活习惯、兴趣爱好，绝不可将自己偏爱的某种模式强加给对方。具体来看，一要学会放手。孩子长大后毕竟有自己的空间，不必强求。有些错误都是孩子人生中必须经历的，人肯定是在不断接受教训中长大。

二要给孩子与大人平等的地位，以引导和鼓励为主，把自己当成孩子，从孩子的角度去想问题，让孩子做自己，不被大人的思想所左右。不过话又说回来，过分理解有些时候也不太对，容易造成对孩子的有求必应。

三要承认孩子的能力和想法。别想着掌控孩子的一切，每个人都是独立的个体，孩子不是自己的附属品，何必强求统一呢？不同时代的人有不同的观念和处事方式，要互相尊重、求同存异。做家长的最好能经常吸收些新的东西，与时俱进；作为孩子最好能尊重家长长期积累的习惯，一家人之间没有过不去的鸿沟。

学会接纳和沟通

在家庭生活中，中年人要学会接纳对方的态度和意见。这种接纳不是被动的，而是在真正弄清对方的意见和态度是否合理之后，心悦诚服地放弃自己的见解而接纳对方。或者，将双方的意见取长补短，相互融合，更是一件快事。

交谈是最好、最直接的沟通方式，父母应在双方平等的基础上，主动创设谈话情境、营造交流氛围，多与子女"以心换心"。这种交谈父母最好是以朋友的身份参与其中，切忌用封建家长式的态度，居高临下地训斥孩子，否则会使彼此间产生距离感。在交流中，中年父母应以积极鼓励、主动学习帮助的态度和子女交流；如果脑袋里总装着，你们这一代不如老一代的观念，那交流和谈话就难以进行下去了。

3.3　榜样的力量是无穷的

小时候父母教育我们，时不时地就说出这句话来——上梁不正下梁歪。确实，在一个家庭中，家长是孩子的第一任老师，家长的言行举止对孩子的影响至关重要。一位著名心理学家说：聪明的家长总是跟在孩子的后面，愚昧的家长总是堵在孩子的前面。

孩子的心灵是纯洁的，一双天真无邪的眼睛，能像摄像机一样摄下父母的举动，像录音机一样录下父母的言行。在家庭中，家长的角色对孩子起着启蒙的作用。一个家庭中，如果父母说话和气举止文明，孩子慢慢也会变得懂礼貌；如果父母经常吵架，举手打人张口骂人，孩子性情也会变得乖戾。可能在迈入中年之后，很多人与子女产生隔阂和代沟，认为自己已经对孩子没什么影响和作用了，大可以按照自己的想法随意行事。事实上，和年轻人相比，中年人是过来人，"榜样的力量更是无穷的"。

肯定和赞扬

得到他人的肯定和赞扬可以说是人类最基本的需求之一。家长希望被孩子肯定，孩子更希望得到家长的认可。一位母亲写道："每天晚上，我们都到孩子们的卧室里去紧紧地拥抱和亲吻他们。然后还告诉他们，'你们真是好孩子，我们非常爱你们'。"在一天结束的时候，向他们表达"赞扬"这个信息很重要。在这里，孩子和家中互为榜样，即使父母年迈，他们依然不失为自己的人生榜样。

时刻保持学习的状态

榜样不是守旧的，一成不变的。要想跟上时代的步伐，中年人要时刻保持学校的状态。这里，学习未必意味着重返课堂，读书也是学习，向身边的人、特别是年轻人请教新知识、新技能亦很重要。无论怎样，中年人都要保持开放的心态，不能对新观念、新事物从一开始就采取抵触、看不惯的态度，要意识到"存在即合理"，将自己过往的经验教训应用到新环境中、抓住新的机会，能取得意想不到的成效。到时候，年轻人会对他们的人生榜样更信服，不会轻易地说出"你 out 了"这句话。顺便说一句，学习还是永葆青春的秘诀，中年人最焦虑的是自己知识寿命、事业寿命的终结，唯有学习才能延续这些寿命。

超越世俗的年龄限制，突破过去的人生

虽然在世俗的眼光里，"人到中年百事哀"。孩子不再听话，家长权威开始慢慢降低，更谈不上榜样不榜样的。因此，心态很重要。中年人要超越世俗的年龄限制，保持一颗年轻的心。每个人都要经历同样的生理周期，可外界的环境、条件、机会是不断变化的，过于考虑年龄问题而没有勇气做出改变和突破有时很可惜。中年人重新挖掘自己的潜力，与过去的生活割裂开来完全有可能。到时候，做子女的肯定会刮目相看。

3.4　成为孩子真正的朋友

现在，中年人面对孩子最容易出现双方意见不统一，需求不对等的问题。家长往往关心的只是孩子的学习成绩、学习排名，而孩子关心的是情感等其他方面。两个不同层面的需求是导致双方分歧的关键所在。社会学家认为，孩子是在与家庭的互动沟通中成长起来的，家庭教育的目的在于让孩子健康成长。如果发生问题，都难以进行沟通，父母怎么才能成为孩子真正的朋友呢？

关于沟通

孩子认为和父母说话有压力。和同龄人说话，彼此之间是平等的，谈话很轻松，可以边吃边说或者边玩边说，而跟父母交流时，父母总是会指手画脚，居高临下地命令孩子这个应该做，那个不应该做。因此，沟通很重要，中年人应该掌握与子女的沟通技巧，切莫让自己的武断堵死和孩子分享快乐之路。

像朋友一样相处

孩子在成长过程中，心理和生理都在发生极大的改变。当处在青春期的时候，孩子会自认为已经长大，希望家长像对待大人一样来对待自己，遇到事情，喜欢独立思考，自做决断。但是大多数家长还是像以前一样对待他们，实行家长的绝对权威。此时，他们就会觉得与父母没有共同语言，甚至产生逆反心理。

因此，家长应该接纳孩子的变化，放弃之前以长辈的口吻跟孩子谈话的态度，平等地与他们交流，遇到事情要与其商量，不要居高临下地指挥。有的家长会这样和孩子说："妈妈是你的大朋友，无论什么事你都可以跟我讨论。"这样孩子就易于接受，相处才会融洽。

信任并分享

父母要做孩子的大朋友，就要充分信任孩子，这样才能够分享孩子在成长过程中的点点滴滴。在生活中，多多留意孩子喜欢的事物，知道孩子想什么，然后顺着他们的话题合理引导。比如他们喜欢周杰伦，喜欢流行歌曲，那就可以和孩子聊聊歌词里写得比较好的句子。这样，不按自己的好恶和标准来评价与要求孩子，孩子在宽松和睦的环境中才能身心健康地成长。

相互尊重

成长中的年轻人都渴望独立，对事物具有一定的批判、评价能力，因而不愿事事听命于大人，而喜欢批评、反抗权威与传统。他们迫切需要得到父母和周围人的尊重，承认其独立意向和人格尊严。因此，家长不要给孩子过分的爱，而要给孩子一片"情感自留地"，尊重孩子自己的发展。

　　总之，年轻人身上有可以学习的地方，也有不少缺点需要家长的斧正。青少年看待事物经常抱着理想主义的态度，遇挫折易于沮丧，也易受他人影响，做父母的要理解孩子的这些变化，及时调整自己的角色，由权威式、保姆式的关系变成朋友式的关系。

Part 5

婚姻规划：给褪了色的婚姻染色

几乎每一对夫妻都曾拥有过甜蜜的爱情和回忆，也都曾有过激情燃烧的岁月。结婚前，为了吸引对方，恋人都会刻意表现自己优秀的一面，而掩盖了自己的不足，因为彼此欣赏和爱慕，情人眼里出西施，看到的都是对方的优点，忽略了不足和缺点，即使看到了一些，也当成是可爱的表现。结婚后朝夕相处，防御心理没有了，双方都不需要再掩饰什么，缺点和不足也一点一点暴露出来，此时再看对方，毛病越来越多，问题也越来越多。婚姻生活天长日久，没有人能够保证每次都能顺利地解决婚姻中出现的问题。特别是人到中年，经历了十多年如一日平凡琐碎的日子，浪漫和激情被生活和工作的压力一点一点地消磨，包容和耐心也在难言对错的冲突中变成审美疲劳，相处更成为一种责任和习惯。与情感的脆弱相比较，人到中年，经济和意识的独立性都在增强，随着社会阅历的丰富，价值观也可能发生一些变化，人生可选择的空间也还比较大，此时，一点点情感上的风吹草动都有可能给婚姻带来变数。

那么，人到中年，婚姻靠什么维系？该如何强化彼此的吸引力，给婚姻重新染色呢？自我成长无止境，除了在婚姻中不断保持独立的自我，始终引发对方的关注，始终吸引对方外，有些方法也可能让婚姻更幸福美满。

1. 换一种方式打量你的另一半

通过不同的角度观察事物，常常会得出不同的结果，对于另一半也是如此。换一种方式打量自己另一半，从心底真诚地想想对方的优点，也许当你看到这些优点时，那些缺点就微不足道了。同时，通过不同的方式打量自己的爱人，我们可能会从他/她身上发现一些以前没有发现的亮点，重新找到对爱人的新鲜感，改变一下已经习惯的、单调的婚姻生活。

事物常常会因不同的观察角度而变得不同，所谓"横看成岭侧成峰，远近高低各不同"就是这个道理，人也是如此。每个人都不是完美的，都有不同的侧面，都有自己的缺点和优点，都有光明和阴暗的部分。那么，在婚姻中也是如此，另一半的身上也会多多少少有让你不能接受的部分。经历了十多年的婚姻生活后，日子还是一如既往的平凡琐碎，昔日的浪漫和激情已经不在了，生活和工作的压力消磨着我们的每一天，习惯了对方，包容了对方，难免会出现审美疲劳，于是对方的缺点就被一百倍，甚至一万倍地被放大。在年过四十的中年人一去不复返的百态婚姻里，有不少的人因此而对自己的另一半有太多的抱怨，天长日久，抱怨导致了婚姻的不和谐，甚至更糟。在这种时候，如果我们换一种方式，或者换一个角度去打量对方，也许就会出现不同的情况。

我们可以从两个角度去理解换一种方式打量自己另一半的益处，

第一，当你的眼中尽是对方的缺点，并因此而抱怨不止时，请闭上那只仅仅看到缺点的眼，打开看到优点的眼，从心底真诚地想想对方的优点，也许当你看到这些优点时，那些缺点就微不足道了。

四十岁的杨先生毕业于北京市一所著名高校，工作后，他靠自己的努力，运气不差的他现在已经是单位重量级的领导干部。杨先生和美丽贤淑的妻子有一个读初中的漂亮女儿。妻子曾经也是单位的骨干，因为丈夫和孩子，不得不放弃事业。这几年来，工作对她来说只是一个饭碗、一份生活的保障而已。妻子把全部精力都放在了家人身上，全力支持丈夫的事业发展，照顾孩子的生活。

杨先生对自己的生活非常满意，然而最近他却对妻子有太多的抱怨，主要是因为妻子的不思进取，随遇而安。曾经也受过高等教育的妻子，不但没有了当初的锐气和执着，更没有了理想与追求。那些曾经让她充满热情为之不懈努力奋斗的目标，现在成了她嘲笑的对象。妻子的业余爱好从以前的看书、欣赏音乐变成了打麻将、看电视，平时最多也就看看报纸杂志。女儿喜欢弹琴，但曾经对音乐也颇为欣赏的妻子，如今这些细胞不知都跑哪里去了，一听女儿练琴她就烦，为这事，妻子跟女儿和自己吵过好几回。

不知从何时起，他们两人越来越少说话，杨先生更多的是和女儿交流，女儿有什么心事总是跟他说，从来不跟妻子讲。妻子想过来凑热闹也均遭拒绝：你听不懂，跟你没有共同语言。目前，虽然他们还是一家人同居一室，但杨先生感觉和妻子的距离越来越远了。

在杨先生的例子中，我们看到杨先生仅仅是因为妻子的理想丧失，增添了一点自己不能容忍的小毛病而与妻子疏远。如果杨先生能换一种方式去看待妻子，也许就会出现另一种情况。

　　善良的妻子以牺牲自己的事业、才干乃至成长机会为代价，心甘情愿做一个"贤妻良母"，若干年后在婚姻的道路上失去了原本的自己。如果杨先生能看到这一点，看到妻子的对全家的付出，应该想到的是感激，应该理解妻子。而自己如果能主动帮妻子分担一些家务，或者找个家务钟点工，并主动劝妻子去学习一些新东西。毕竟妻子也曾经受过高等教育，也曾经有自己的理想和事业，而每个人都不会自甘落后。

　　婚姻是一场"双人舞"。人到中年，婚姻已不仅仅是爱情，更多的是两个人一直以来的共同经营。在这过程中，有付出，也有收获，有快乐，也有各种对对方的不满。伴随着婚姻整个旅程中最可贵的，应该是共同的成长。

　　我们再看王女士是如何处理这种情况的。

　　她的爱人朱先生是那种心里有数却不愿表达的男人，稍微有点大男子主义。朱先生不爱学习，工作也喜欢安于现状，并且最近开始迷恋网游。他的这些缺点，让王女士有些烦，她变得唠叨，眼里都是他的缺点，总力图去改变、纠正他的行为。中间引起了相当多的不愉快，朱先生又不爱说话，常常冷战。

　　最近的一场冷战使王女士引发了对自己婚姻的思考。她突然意识到也许这是她自己的败笔，谁也不会为谁改变的，有的只是相互去适应、去包容。她觉得自己是个很容易宽容别人的人，对待朋友、同事，甚至是伤害过自己的敌人都可以无限的去包容、谅解，可对自己的爱人呢，要求却如此苛刻。

　　其实以前她也是认可自己老公这种踏实本分的人，要不认可也不可能嫁给他，自己喜欢的就是他这种踏踏实实的为人。可婚后为什么放大了他的缺点，几乎看不到他的优点了呢？比如他勤劳、孝顺、细心、脾气温和，虽然有时有点倔强，但他对自己还是很好的。他的优点是很多的啊。她觉得应该要把他的优点无限放大，这样的婚姻生活才能幸福。

于是中午王女士主动给老公发了个短信说：想晚上给他做菜吃。老公回复："好的，我先把饭做好，等你大显身手。"王女士觉得开心点了。

晚上下班回家，老公做好了米饭、蒸了个鸡蛋糕、洗好了菜。而王女士做了个炝干豆腐丝、西红柿炒鸡蛋，糖拌西红柿。一共才用了45分钟，他们开餐。老公说好吃。虽然王女士知道炝干豆腐丝有点咸，西红柿炒鸡蛋汤有点多，而老公做的米饭放了自己昨天买的小米，尽管老公说过他不喜欢这种吃法的，但他还是做了，王女士心里一阵温暖。吃完饭老公帮王女士收拾完，独自值班去了。他们和好如初。

与爱人相处其实跟与同事、朋友相处一样，都是一门很深奥的艺术，爱人不像朋友，爱人朝夕相见，是要一辈子的，所以更难把握。只要保持一颗真爱的心、平常的心，真心地去爱、去关心、去支持、去包容、去呵护，相信婚姻是一个回音壁，付出什么就会收获什么。爱人开心了，自己自然就开心了，爱人快乐了，自己也就跟着快乐了。婚姻生活就都幸福了。

是的，换这种方式去思考，相信绝大部分婚姻会幸福的。

换一种方式打量自己的另一半，还有另外一个好处，那就是你可以从自己的爱人身上发现一些也许你从没有发现过的侧面，重新找到对爱人的新鲜感，改变一下已经习惯的、单调的婚姻生活。

人到中年，夫妻之间常常会陷入单调的生活之中，毫无神秘感可言，这一时期婚姻变得比较脆弱。十几年以来所积攒下来的个性差异一览无遗，争执、吵闹不断涌现，成为了伤害彼此的利器，甚至于会令婚姻瘫痪。

　　在这种情况下，如能换掉老眼光，重新打量一下眼前的这个自以为熟悉的不能再熟悉的人，你会有不同的发现。因为人是个多面体，如果你总是习惯性地看一面，那他就是一面；如果你转一转，就会看到另一些不同的面，婚姻也会不断地丰富多彩。

2. 没有更好的，只有适合你的

　　世界上永远有比现有的好的东西，婚姻也是如此，你永远会发现比你爱人更好的人。但一个事实是，更好的不一定是最适合你的。因此，对于婚姻，永远是适合自己的是最好的，不适合自己的再好也没用。这就好比是鞋子，合脚的舒服的永远是最好的。

　　关于婚姻，可谓是如人饮水，冷暖自知。所谓幸福的家庭都是相似的，而不幸的家庭各有各的不幸。曾经有一个经典的比喻，将婚姻中的双方比喻为脚和鞋子的关系。之所以说这个比喻很经典，其实在于它说透了婚姻双方二人的关系——没有更好的，只有适合你的。就好比永远会有比你脚上穿的鞋子好的鞋子，但也许那些好鞋子并不合自己的脚。

　　对于中年婚姻来讲，这双鞋子已经穿了十几年了，尽管双脚也曾磨起泡，鞋子也走得变了形，再没有新鞋的亮丽了，可是经过这么多年的相互挤压磨合，也许鞋子和脚已经成为一体，谁也离不开谁了。有谁会喜欢一双破旧不堪的鞋子，又有谁肯爱上一双变形而且伤痕累累的脚呢？

这一个道理告诉我们，永远不要在意自己的鞋子是不是破，而要看鞋子是不是合脚。有人说，可以找一双新的适合自己的鞋子。不错，也许的确可能，但你仍然需要时间去找，仍然需要去试，仍然需要去磨合。也许最终找到了，但时间已过去了多年，自己早已垂垂老矣，而脚上的鞋子又旧了，你得到的仍然是一双旧鞋子。想想看，仍然不值得。古人早有言在先："衣不如新，人不如故。"这里说的就是夫妻双方磨合的原理。作家蒋子龙曾言："世上没有完美的人，却可以有完美的合适。家是女人的梦，女人是男人的梦，能将梦转化为现实的夫妻，才能长久，而在现实中偶尔还能同梦的夫妻就是快乐的神仙眷侣了。"显而易见，婚姻不能过于理想设计，要注重的就是这个鞋子和脚磨合的学问。

让我们来看一下周女士18年婚姻的心路历程。

今年是周女士和老公结婚的第18个年头。周女士常常觉得很奇怪，因为听人说过所谓的婚姻接近20年是个坎儿，所谓"20年之痒"一说。她和老公还真是痒过，去年的一段时间里，老是觉得这段婚姻是多么不合适，吵过、怨过、哭过、烦恼过，但最终这痒还是过去了，现在的他们，不吵了，不闹了，比起以前倒多了一些默契，彼此多了一些理解和宽容，日子安安静静地过着，一家三口，倒也其乐融融。重新看这婚姻渐渐觉得由"可过"变得有些"可意"了。

还是那个人，还是这段婚姻，为什么感觉会有这么大的变化？周女士有时想想自己也觉得奇怪。但细想又觉得不奇怪，因为围城里的双方都在变，为对方，为这个家，自觉不自觉地做些改变。婚姻中其实没那么多大矛盾，能走到一起的人多少还是有可取之处的，那些争吵、那些不如意常常是因为一些小事，一些习惯引起的。正如有人说的"和一个人结婚其实也就是和一些习惯结婚"，而习惯对方的习惯，习惯对方的思维方式则很重要，因为改变别人很难，最容易的就是改变自己。

周女士觉得如果对方爱自己，那就应该为我付出很多而毫无怨言，但现实中，即便对方能做到，自己又怎能心安理得地接受呢？从前自己不爱做饭，老公颇有微词，周女士会想自己做的事也很多呀，洗衣服，照顾孩子，整理房间，这些老公怎么就看不到呢？但后来才明白，婚姻里没有公平可言，不必斤斤计较，事实上老公做的自己不是也有很多没有看到过吗？他要的不过是自己在乎他的那种感觉，他喜欢的是他炒菜，自己在旁边看着，给他做做帮手的那种感觉，而自己硬要定性为他就是希望自己多付出。这些其实是在给自己找委屈，想法变过来了，慢慢也就能享受这种快乐了。

从前周女士的老公总是批评她什么事都做不好，说人家怎么怎么样，周女士心里总觉得万分委屈，但现在她想，也只有最亲的人才会希望自己更好。调整自己的心态，在婚姻里做个好学生，把自己变得更好其实也是再好不过的事了。从前，周女士心里对老公的不上进多少会有些不满，但现在看到他很积极地准备、把握机会升迁，在老年来临前做最后的一搏，心里有说不出的喜悦，因为老公有为这个家以后的幸福生活努力的心，在这一点上，周女士就已经满足了。

时光就这样匆匆过了18年。这些年，随着年龄的增加，随着生活的历练，周女士感觉自己和老公的脾气也都有很大的收敛。家里的温暖和平静越来越多了。虽然也少了很多吵闹后的浪漫和激情。不过，周女士觉得一个家的平静和睦最重要。到了不惑的年龄，经历过生活和情感上的很多沟沟坎坎，现在的周女士心态更加平和，不再憧憬荡气回肠的爱情了，那样完美的爱情连上天都会嫉妒，还是守着一份平平淡淡的日子长长久久的好。周女士发现自己穿的这双鞋子不漂亮、不时尚却很合脚，穿着很舒服，于是她学会了珍惜。

让我们从周女士的例子中，重新回到"婚姻如鞋"的比喻。对于中年的婚姻来说，这个比喻真是太恰当了。一双鞋子，光鲜与否，昂贵与否，款式如何，是不是名牌都只是表象，也不是那么重要，真正重要的是合脚，穿的人觉得舒适才是好鞋子。婚姻的好坏，也是如此，外人看着美满幸福的婚姻并不一定美满，外人看着多么不般配的婚姻也自有它的幸福之处，个中滋味只有在围城里的人自己最清楚。一桩美满的婚姻，个人的感受是很重要的。善于感受幸福的人总是能找到幸福，百事挑剔的人即使遇到再好的人也会觉得不满。

完美的婚姻是很难碰到的，就如我们买鞋，一看就觉得特别漂亮、特别合适，穿着无比舒适的鞋子还是你能买得起的那个价位的不是那么容易碰到，我们寻找的那个人，能在各方面都如你意又对你十分满意的毕竟太少。如果执意要讲究品牌，讲究款式，讲究材质，讲究美观，或许我们就寻不到一双合脚的鞋子了。所以，不习惯光脚的我们常常会委屈自己找一双穿上去还算比较合适的鞋子，倘若总是想着这点不满，那么以后的日子里，就只会生活在悔恨里。

婚姻如鞋，也许还因为好的婚姻也是经过磨合才能有的，就如那些让我们穿着特别舒服的鞋子，常常是经过了和脚的磨合期。倘若刚穿的时候，你觉得咯脚就把鞋子扔了，去寻找新的鞋子，也许你的生活就总在不停的寻觅中，而慢慢地穿着，也许磨合着就能成为你穿着最舒服的。也许就会觉得这鞋子有自己从前没有发现过的好处，由此而感到幸运，备加珍惜，这鞋也会显得越来越可爱。

3. 重温你们的青春

　　回忆往往是幸福的来源，尤其是那些曾经的青春岁月。当现实的凄楚和平淡代替了浪漫和甜蜜，我们不妨去回味一下过去的青春岁月，从我们爱的永恒之源中汲取一些甘泉来滋润现在就要干枯的心灵，让爱的鲜花重新绽放。

　　41 岁的吴女士和 45 岁的张先生结婚多年，他们有一个可爱的女儿，有一栋三层楼的别墅以及体面的工作。吴女士是大学的英语教师，张先生则是一家 IT 公司的职业经理人。

　　两人的相识就像是爱情剧一样俗套但浪漫。那天，吴女士坐在咖啡馆里看杂志打发时间，一抬头，发现邻座的一位先生把墨镜遗落在桌上，人却走了。好心的吴女士拿起墨镜追了出去，在街口找到了那个后来成为自己丈夫的男人——张先生。结婚之初，墨镜是夫妻俩的暗号，每次吵架时，只要谁先戴上墨镜，两人就能和好如初。

　　然而，时间是一个杀手，它让皱纹爬上了吴女士的眼角，让赘肉堆积在张先生的腰腹，让淡漠和习惯笼罩在婚姻之上。以前，吴女士洗碗时，张先生会不经意地从背后抱住她，现在他只会在客厅看电视；以前，两人在睡前要说会儿悄悄话，然后相拥而眠，现在只是敷衍地问一下彼此的工作情况，然后背对背睡去；以前，张先生喜欢在周末清晨用吻唤醒吴女士，让阳光见证彼此的温存。慢慢地，两人的生活越过越陌生。过了四十岁之后，他们更是很久都没有一次夫妻生活。

　　现在，吴女士和张先生的婚姻迈入第 15 个年头，他们恐惧着未来的变数，又希望能重新恢复两人的亲密感。相信有太多的夫妻如吴女士和张先生一样，人到中年，身体的激情和精神的激情都远离了。如何才能找回，那就是向后看，沿着来时的路径，一步步回忆年轻时的风景，让尘封的记忆重新打开，来渲染现实的平淡，重温曾经的青春。

吴女士和张先生正是这样做的。在今年的情人节，张先生给吴女士准备一份特殊的礼物。他将客厅的灯全部熄灭，代之以烛光，在客厅中间的茶几上放了两杯热咖啡，中间专门放了特意买的十几个墨镜，将他们定情的那个就墨镜混在里面。而自己则打扮成咖啡厅服务员的模样。吴女士下班一进门，就已经被眼前的气氛所吸引，先是吃了一惊。接着吴先生迎了上去："吴小姐，你好！有一位先生遗失了一个墨镜，而这位先生会成为你未来的老公，请你将他遗失的墨镜从这堆墨镜里辨认出来，否则那位先生将变成一只猪。"听着这话，吴女士笑得已经前仰后合了。但接着吴女士也很快进入了角色："好的，让我来看一看，我可不能让我的老公变成一只猪，否则我就变成猪婆子了。"吴女士当然认得他们的定情信物，一下就辨识了出来。"是不是这一个？""恭喜你，你的老公不会变成猪，他会成为一匹世界上最漂亮的白马！"说着两人相拥在一起，良久也未分开。当晚，在烛光下，两人又回忆了很多年轻时候的乐事，并相拥而眠。

第二天是个令人愉快的周末。吴女士买了一件非常漂亮的新衣服，还烫了一个新发型，脸上也略施粉黛，整个人焕然一新。张先生见到后，感到眼睛一亮，真是似曾相识燕归来。张先生也换了一身笔挺的西装，刮干净下巴上的胡碴，顿时精神了很多。其实，吴女士和张先生都还是老样子，可在对方的心里却产生了一种新鲜感。这种新鲜感就是一种吸引力。他们通过重温青春的定情故事使各自找到青春年少的感觉，这心态又影响了外在，于是从里到外都焕然一新。他们一起走在大街上，吴女士重又挽起了张先生的手臂，他们现在又像初识时那般亲密、甜蜜。

　　人的爱情不同于亲情、友情，它是建立在性意向基础之上的，也有人称之为异性相吸。通过从里到外在增加夫妻双方的异性特征，自然会强化爱情的魅力。此外，不论男女，经由眼睛接收到的各种信息，很容易引起亢奋。因此，没有什么比看到一个娇艳美丽的妻子更能让男人心动的了。中年女性往往容颜半衰，体态也渐渐失去了昔日的丰润和线条美。如果经常参加健身锻炼，注意修饰打扮，则有助于提高对异性的吸引力，尤其是美化了在丈夫心目中的形象，而作为男人也是这样，如果通过外在修饰，找回昔日年轻时的些许阳刚之气，妻子自然也会从心底喜悦。这里需要提醒的是夫妻们的打扮，不要仅限于换身行头或化个妆，修饰气质也很重要。如果妻子平时说话习惯粗声粗气，那偶尔小鸟依人、吴侬软语一番，也会令丈夫有一种新鲜感，找回昔日那个年轻的女孩的感觉；如果丈夫平时大大咧咧、不太顾及妻子的感受，那拉过妻子，像追求妻子时那样小心翼翼为她揉捏一下肩膀，赞美几句，都会从心底唤醒那感人至深的青春年代的无限美妙和感动。

　　重温曾经的青春，除了上述的从心态、面貌、日常细节等方面着手外，还有一点至关重要，那就是夫妻间的性爱。性爱青春起来，才能有力支撑我们上面所说的环节有效保持。

　　人到中年，由于身体、精力等原因，性生活的频率会减少，甚至很少，就像上文的吴女士和张先生一样，在一天的劳作之后，往往就背对背地睡去。让我们先来看一看中年夫妻生活出现冷场的原因，然后对症下药。归结起来主要有以下原因：

　　（1）工作太忙。中年是人生的黄金期，事业有成，基本上是单位里的领导或骨干，每天要做的事总也做不完，有时还得加班加点，出差也是经常的事，有了麻烦也得出面解决，如此一来，身体自然也吃不消，晚上回到家中已是精疲力尽，只想躺在床上好好睡上一觉，食欲差，精神差，没有时间也没有精力顾及婚姻家庭，更不用谈享受夫妻的性事与温情了。

（2）压力过大。事业的成功总是与压力成正比的，中年男女无论在生活中还是在工作中都是真正的中流砥柱，生活中上要照顾老人，下要养育孩子，老人生病除了经济上的供应还要百忙中抽出时间照料打理，孩子的学习与就业每时每刻都牵动着那根脆弱的神经；工作中上要对领导负责，又要对新手进行指导，出了事上级领导要找你麻烦，新手与下属经常对你的所作所为表示不满，工作忙伴随的必然是压力大，压力是心情的杀手，更是激情的杀手，如此一来，夫妻激情又从何谈起呢？

（3）审美疲劳。这一点也许是所有夫妻的通病，甚至可能说是所有人的通病，再美的东西看多了也会生厌，夫妻每天生活在一起，怎能百看不厌？随着婚姻的发展，步入中年，夫妻生活少则十年，多则二十年，夫妻间毫无秘密可言，每一句话、外貌、性格、爱好等无一不晓，如此夫妻生活又怎能保有情趣？

（4）性事冷淡。性是需要激情的，而中年夫妻恰恰最缺的就是激情，所以性冷淡也就成了大部分中年夫妻的心病。工作太忙，身体疲劳；压力过大，心理疲劳；百看成厌，审美疲劳；如此一来，既没有时间也没有精力，更没有心情享受性生活。还有一点就是，夫妻长期在一起，程序化的性生活根本不能激起任何欲望，偶尔为之也是"例行公事"。

（5）缺乏沟通。沟通是现代婚姻中夫妻普遍缺乏的，而中年夫妻尤其如此。除了上面提到的因为工作忙、压力大而导致没有时间和精力进行沟通外，更重要的是，中年夫妻越来越不知道如何去沟通，该说的话说过千遍万遍，对方一张口就知道想说什么，坐在一起只能是相对无言，似乎压根儿无话可说。即使勉强说些不得不说的话题，比如子女教育、父母健康、家庭经济状况等等，也总会出现观点不一致或严重分歧，不谈则已，一谈必吵。

中年夫妻生活出现冷场当然还有很多具体的原因，但主要是以上五大原因，而且这五点之间也是相互联系相互影响的，比如工作忙自然身体疲劳，必然对性生活有影响，而性生活不和谐势必影响夫妻感情，本来就没时间，压力又大，自然不愿意沟通，如此一来更进一步影响夫妻感情，而夫妻间的审美则加重了这种影响，从而进入到恶性循环中。

那么，中年夫妻该如何改善淡漠的感情唤回激情，给爱情再次升温？以下三点建议也许有助于你走出困境。

（1）针对工作太忙和压力过大的问题，应该调整生活方式，放松身心。工作忙，但永远也忙不完，处在事业的黄金期最容易钻入工作的死胡同，被事业绑架。工作忙，没时间陪爱人；工作忙，没时间管孩子；工作忙，没时间沟通；工作忙，身体疲劳，由此，进入一个恶性循环。唯有打破恶性循环，才能重回夫妻温馨，给自己一个放松的时间，加强营养，克制开夜车，不嗜好烟酒，休息好，进行适当的体育锻炼，假期丢下所有的工作纷扰，全身心地享受工作之外的生活乐趣，调整生活方式才能真正放松身心，也才能有充足的精力应付日常工作和进行和谐的夫妻生活。

（2）针对审美疲劳和缺乏沟通两点，如果你能按照上文去重温青春记忆，由里到外改变自己，问题就很容易解决。此外，要时不时地制造惊喜。人很容易被惰性征服，而婚姻则是让人懒散的大熔炉，爱情是殷勤的，婚姻则懒散的，不是吗？懒得讲话、懒得倾听、懒得制造惊喜、懒得拥抱、懒得温柔体贴，夫妻又怎会不渐行渐远渐相对无声呢？有活力的爱情，需要适度的殷勤来灌溉，婚姻也一样。情人节、春节、中秋节、相识纪日、结婚纪念日、生日……太多的机会让你去制造浪漫和惊喜。要克服懒散的情绪，如果一直抱着无所谓或者"老夫老妻讲究那么多干嘛？"的陈旧观念则必然让婚姻走向冷场。

（3）针对性事冷淡的问题，则需要尝试性事变化，重拾性趣。许多夫妻在生活之中，渐渐失去了"性"趣，其中部分原因在于他们缺乏性沟通和性幻想，夫妻之间要进行交流沟通，问询对方的感受，需要与爱人共同化解性生活中的不良情绪。中年夫妻最容易犯的毛病就是例行公事，性生活过于程序化，双方根本没有享受到愉悦和快感。要学会将性生活节奏放慢，加强沟通，不断调整心理状态，并注意在生活细节上进行调整就能享受和谐的夫妻生活。

在心态、面貌和性生活的每一个环节，如果我们都能找到青春，重温青春，我想整个婚姻也就回到了青春，而且可以永葆青春。

如果你感觉婚姻平淡、乏味，你不妨多往后看，多多重温青春。重温当年心怦然心动后的海誓山盟，一路走来犹如劳燕垒巢那点点滴滴的情谊……

中年婚姻朝后看，重温青春，在重温中品味，在重温里提醒，在重温里满足，珍惜曾经的和现在的拥有，让情不外烧、心不外跳，为"多事"的中年婚姻再加几颗责任的钉，再加几颗忠贞的铆，两人一直到老，一路青春。

4. 试试没有他/她的生活

在经过漫长的婚姻岁月之后，当平淡和乏味让你觉得对方的存在与不存在已无关痛痒时，短暂的分开也许会使你重新认清对方对自己的重要性。距离会让你们之间重新产生美。因此，短暂的分开是解决中年乏味婚姻的一条有效途径，尤其是那些想离婚又觉得舍不得的夫妻，"试离婚"可以成为你的一个选择。

有一句经典的话，叫"距离产生美"；相反，如果没了距离，美就会逐渐消失，甚至变成了丑，让人无法忍受。相信对于婚姻也是如此。现实生活中的夫妻，由于日复一日的近距离生活，对方的缺点就会逐渐暴露，也会被逐渐放大，以至于产生了厌恶感，影响了婚姻。对于中年夫妻，这一点更为显著，因为风风雨雨、锅碗瓢盆走过来之后，对方的一切你都会习以为常，一切都变得平淡，进而逐渐厌烦了对方。在这时，我们不妨试试没有他 / 她的生活。也许拉开了距离，美就会重新产生。

结婚 13 年，四十的刘先生和同岁的孙女士，正是通过短暂的分开才又重新认清了对方对自己的重要性的。

在分开之前他们几乎每天为琐事争吵不休，当一次因为教育孩子的方式争吵上升为动手时，孙女士一气之下回了娘家。这一去就是一个月。在这一个月中他们体会到了没有了对方生活真是乱糟糟。

孙女士不擅长做饭，住在母亲家，母亲本已年老，生活起居由保姆照顾，一日三餐都得她自己去做，而她几乎只会煮面、吃速冻食品。

平时在家，刘先生做的一手好菜，而且常换常新。当她发现一个月开始逐渐消瘦时，她多希望老公可以给她做一桌子自己爱吃的菜。

刘先生境况也好不到哪儿去，不到一个月，他就发现房子变成了垃圾场，衣服也是穿了一遍又一遍，整个人几乎都要发臭了。他在这时想到了老婆每天的操持。

一个月后，终于他们还是经不住分别重又回到了一起，但不见了争吵。

这样一个简单例子，几乎在我们的生活中司空见惯，也许每对夫妻都曾遇到过。的确，尝试一段没有对方的生活，我们才能真正体会对方对自己的重要性，才能更珍惜对方。

最近一段时间，这种尝试短暂分离的方法，上升为一种"试离婚"。是一种出现在那些对婚姻失望，在正式离婚之前采取的理性过渡方式。可喜的是，试离婚的方式使一些准备离婚的夫妻放弃了分手的打算，重新燃起了对婚姻的希望之火。

试离婚一般由婚姻服务机构提供，办理"试离婚"服务必须在夫妻双方到场且自愿的情况下，先签订服务协议，对夫妻双方在"试离婚"期间的行为进行了约定。办理机构会在约定的时间内，不定期上门，对分居的夫妻双方进行婚姻辅导，让双方知道离婚的后果，并通过一段时间的冷静期，最终让他们放弃离婚的念头。这种"试离婚"一经推出，就在社会上引起热烈反映，据多家机构提供的数据来看，尝试"试离婚"的人很多。让我们看看几个例子。

季先生和妻子结婚多年，就在亲友们要为他们举行结婚 20 周年举行一个祝贺仪式时，季先生却宣布了一个惊人的消息：他要与妻子离婚。

大家都不解，季太太人长得不俗，工作出色，人缘好，在外面也没有绯闻，对季先生虽然说不上恩爱有加，却也将家庭安排得妥妥帖帖的，而季先生在一家机关任中层干部，作风正派，工作负责，颇受上下级的好评。好端端的家庭，怎么就要离婚呢？原因就是季太太爱唠叨。一个爱唠叨，一个爱宁静，两个人生活在一个屋子里，就免不了冲突，于是小吵小闹就难免了，久而久之，夫妻双方在一起没有了好言语。加之双方都忙于工作，缺乏沟通，对夫妻的事就淡了。直到有一天，双方都感觉到在一起平淡如水，不再有吸引力时，为时已晚了。令人头痛的是，季太太到现在还改不了唠叨的毛病，直唠叨得季先生脑子生痛。他一气之下，提出了离婚，而且态度很坚决。

大家劝双方先分开过一段时间再说，或者不妨尝试一下"试离婚"。季先生接受了分开过一段时间再说的建议，并找到一家服务机构与妻子签订了试离婚协议。按照协议季太太搬到单位公寓房住一段时间。在她搬出去后，家里只剩下季先生一个人。长期过惯了衣来伸手、饭来张口的生活，现在季太太不在家，这下可苦了季先生，饭要自己烧，衣要自己洗，等做完了家务，也就没有心情再写文章了。季太太不在身边，没有人唠叨，耳边是清静得多了，可也就听不到知冷知热的关切了。

在一个月光如洗的夜晚，季先生睡到半夜醒来，越来越感觉到老婆的好处，忽然有了一股冲动，情不自禁地拨通了老婆的电话，而这边季太太也没有睡。这一次他们聊了很多，都对自己的过去进行了批评和反思，一直聊到天大亮。

第二天，季先生请了一天假，将家里打扫整理了一番，下午租了一辆小车，将季太太接回家。这一个月的试离婚使他们似乎找到了初婚时感觉。

另一个例子更为有趣。

杨先生与妻子是在大学时恋爱的，毕业后他们如愿分在同一个城市，工作两年后结了婚。因为是同学，又都有较高的文化修养，其婚后生活自然要浪漫得多。他们为了事业的发展，婚后很久都没有要孩子。每天上班前，妻子都要给杨先生一个深情的吻，回到家，杨先生总是接下妻子手里的包，帮她脱去外衣。晚上，他们要聊很久，天南海北，无所不谈。同事邻居都称赞他们是一对恩爱夫妻。

可宁静温柔的家庭生活自杨太太辞职自立门户办公司那天开始就结束了。那时，他们也已有了小孩。市场竞争是激烈的，杨太太初涉商海，要取得成功，必须付出双倍的努力，每天回家，累得像散了架似的，三口两口吃完饭，倒在床上就呼呼大睡，天一亮又像上了发条似的，奔向商海。就在这时，单位给了杨先生读在职研究生的机会，既要做好工作，又要学习，杨先生忙得像旋转的陀螺似的。

就这样，一个忙于挣钱，一个忙于求学，十几年时间过去，杨太太的公司资产已超过7位数，在商海崭露头角，杨先生读完了在职研究生课程，已成为一个较有名气的注册会计师。按说，这时应是两人采摘丰收果实、享受人生盛宴的时候了。可他们再也找不到刚结婚时那种浪漫而又充满激情的感觉。于是，他们选择了分居。腾出时间和空间让各自冷静地思考一下，整理一下自己的心情，再做决定。

分居后，虽然没有解除婚约，可双方约定都不干涉对方的生活，各自按照自己的方式生活，而且如果能找到适合自己的，可以正式离婚。他们每过一段时间还相互打个电话，问候一下。他们都有各自的异性朋友，就这样过了两年时间。

杨太太感到，在自己所接触过的男性中，杨先生还是比较出色的一个，特别是现在他们有了距离，她能像看男友那样的眼光看杨先生，看到了过去没有感觉到的魅力：成熟、智慧、气质高雅。这一切，都是身边那些胸无点墨的土豪们所没有的。杨先生也在从远距离地看杨太太：坚毅、冷静、对事业执着的追求——这是一个一般女性所不具备的，杨太太的确是个了不起的女人，他身边的女人们则都是寄生的小绵羊，可爱但软弱。

一个周末，杨太太主动约杨先生在一家烛光酒吧见面，说出了她对他的思恋和爱慕，杨先生也几乎异口同声地说出了自己对杨太太的倾心。经过两年的分居，他们的手又握到了一起。就在那天晚上，他们走进了久违的家……

从以上两例，我们不难看出"试离婚"让那些濒临解体的婚姻，又重新找到激情和浪漫。一方面是分开，双方都有了各自的空间，就给了双方各自疏理烦乱的心情和麻木的感觉的机会，从而重新培养一种对生活新鲜的灵敏的感觉。很多中年夫妻，由于各自忙于工作、事业，心态浮躁，心里被功利性的追求塞得满满的，对家庭、生活、情感淡漠了，对亲情的感觉麻木了。分开后，双方各自冷静下来，经过一段时间的内省，再走到一起，就能找到过去丢失的一切。另一方面，分开后，双方有了距离，不再像以前那样，用配偶的标准要求对方，而是用一种对异性的眼光审视对方，就能看到双方"亲密无间"时难以发觉的好处来。特别是，分开后，各自都有了反思自己的时间，冷静地分析自己的不足和给对方照顾得不够，这样一来，两颗心就很容易共振起来。

如果双方都没有过错，只是因为觉得平淡无味而选择离婚的人们，不妨"试离婚"。

这里需要注意的是，这不是一劳永逸解决婚姻问题的根本方法，也不一定适合所有的婚姻。因此，如果你试图用这种方法来解决自己的婚姻问题，一定要注意一个度。一般说来需要注意以下问题：

（1）婚姻义务的履行。"试离婚"不是真正的离婚，因此，婚姻法对正在"试离婚"的夫妻依然适用，因此夫妻双方在婚姻存续期间，必须履行婚姻义务。

（2）必须是真心从挽救婚姻的角度出发，要严肃而认真，不可草率。真心是"试离婚"中不可少的，只有如此才会真正好好反思自己和对方，找到危害自己婚姻的原因，从而挽救婚姻。

（3）必须严格按照双方签订的协议执行，否则"试离婚"可能发展为真离婚。如约定不可以在此期间非正常接触异性，则必须执行，否则就真的发展成无法挽回的局面。

（4）试离婚时间不要订得太长。人在受伤害的时候有时确实需要一个独立的空间来疗伤，但分居时间长了只会让潜在的矛盾加深，并不利于夫妻感情的交流，因为很多时候一个拥抱也会让对方感到温暖，可分居的夫妻则更多地会想到对方的不好，久而久之感情就会因为缺少交流沟通而淡漠。如果这时候恰好有心仪的异性出现，婚外恋的出现就不可避免。

当然在"试离婚"期间需要注意的问题还很多，但核心就是要从根本上明白试离婚不是解决问题的最终办法，必须要付出真心，多站在对方的角度考虑问题才能逐渐解决问题，才能挽回婚姻。

5. 清除内心深处的恶魔

婚姻的很多问题往往是由我们内心产生的，这些内心因素包括比较之心、猜疑之心、家庭财富、婚姻外的异性需要等等。这些因素长久积压在心中难免有些时候会爆发，给婚姻生活带来巨大打击，因此及早发现问题，解决问题，不让这些心中"恶魔"给婚姻带来打击是使我们婚姻幸福下去的重要环节。

很多时候，婚姻的不幸和困扰往往并不来自外部，而是来自我们内心深处的坏东西在作祟。我们不妨把这些内心深处的东西称为"恶魔"，我们需要铲除它们。一般而言，常见的心理恶魔主要有下面几类。

比较心态

锻造工蒋先生，最近很郁闷，因为妻子老是在拿他与自己的好朋友作比较。抱怨他没本事，抱怨他不够细致，抱怨他不懂搞关系……总之，在他妻子眼里，他就是一个无能的人，别的人都比他强。终于他在日复一日的抱怨声中，选择了离开这个家。

比较是好事，比较才能看出优点和缺点，才能看出好与坏，但如果一味比较，就会走入歧途。婚姻更是如此，总有人比你现在的爱人更好，拿别人的优点跟爱人的缺点比，不但会伤害爱人的自尊心，而且会让爱人觉得你不再爱他了。尽管你的本意是在敦促爱人上进，因此，当你在比较时，不妨拿爱人的优点跟别人的缺点比。这样才会平衡。

猜疑之心

老公洗澡去了，手机随手放在了客厅茶几上，不久，手机滴滴响了，屏幕上出现了有新短信的提示。下班了，会是谁给老公发短信？短信是什么内容？看还是不看？电视机前的李女士再没心思看电视，目光盯在了老公的手机上。终于，她按捺不住一探究竟的心情拿起手机想查看，却发现老公的手机不知什么时候设置了密码。联想到常言说的，男人有钱就变坏，她怀疑这几年挣了不少钱的丈夫有了私情。等丈夫洗完澡出来，她气冲冲地质问老公，并要求查看短信，一场家庭战争就此爆发。

当一个人对配偶缺乏安全感，猜忌、焦虑就会出现。对配偶缺乏安全感的原因有很多，有的是因为双方的社会和经济地位差距拉大，使其中的一方变得不自信，因而有了压力；有的是因为一方生活重心有所转移，把工作、生活热情更多地投向外部，使另一方感觉到被忽视，因而"先下手为强"。善猜疑的人不相信自己像他人一样有魅力，当他失去了心理的自我防护，内心害怕失去对方的顾虑就转化为攻击。

猜疑是一种很可怕的行为，因为它往往会使事情向着更糟的方向发展，相反，信任却是最好的品德，它会使事情向着更好的方向发展。婚姻是建立在爱和信任基础上的，因此无论如何我们要去信任对方，而不可猜疑。

财富与婚姻幸福成正比

单位被兼并后，开公司的丈夫有足够的实力，于是郑女士在家做了全职太太。开头的一年里，她觉得日子过得很惬意，做做家务，接送女儿上学、放学，隔三岔五地逛逛街买一堆喜欢的衣服，有大把的时间对着镜子梳妆打扮，然后等着丈夫晚上下班回来用赞赏的眼光看她。郑女士是个美人胚子，有着贵妇人的气质，不用上班的日子，脸色显得越发滋润。但这样养尊处优的感觉，一年后变成了空虚无聊。在家久了，与那些还在上班的朋友都疏远了，除了家务和孩子，她最热衷的就是逛街买衣服，还有就是与小区里的几个全职太太打牌消磨时间。当然，最挂心的，是丈夫每天回不回来吃晚饭。有时候，丈夫忙得不是出差就是连着一个星期不回家吃饭，她就像失去了主心骨，脑子里不由得对丈夫的行径胡思乱想，但又不敢认真想。日子闲得发慌，成堆的漂亮衣服即使穿了丈夫也没时间欣赏，渐渐地，她的自信没有了，雍容华贵的气质没有了，对自己产生了信心危机，对婚姻也失去了把控感。

这富贵的生活不正是自己一直渴望的吗？现在有了，反倒不幸福了，而以前的同学、同事，虽然并不富贵却依然幸福。

是的，幸福感和金钱的多少不成正比，而更多地来自对自我的肯定。一个人觉得自己有用，对他人有价值，就会心理平衡。如果精神缺少寄托，经济又不独立，需要通过得到别人的肯定来发现自己存在的意义，当她丧失了自我价值感，危机也就悄然而至。

因此，我们不要相信财富与婚姻幸福对等的想法，而要去真正地感受生活，把握美好生活的点点滴滴。不论穷还是富，只要我们能守住内心的纯真，我们就会幸福。

事业重于家庭

43岁的莫女士，自从丈夫做房产开发生意后，她就辞职成了自由人。儿子一直是由双方老人带养。无所事事的莫女士，在家休息了半年，开始了炒股生涯。最初，她只是跟着朋友小打小闹打发时间，但一段时间下来，股票的刺激，激起了她强烈的好奇心，让整个人都兴奋起来。以后，她便一头扎进了变幻莫测的股海中。因为不用照顾孩子，她有大把的时间可以沉浸在股市里，因此也结识了一拨股友。这些朋友的资金量较大，所以，证券公司给了他们独立的一间房，也就是大户室。莫女士虽然未达标，因为与他们关系不错，也就混了进去。

丈夫从事房产生意初期，虽然工作繁忙，但只要一有时间，就会回家与莫女士和儿子团聚，偶尔还会跟她聊聊股票行情走势，一家人其乐融融。尤其是当看着资金总值的不断创新高，丈夫的事业发展也逐渐顺畅，心里就甜滋滋的，对现有的生活状态很满足。孩子也习惯了与祖辈们一起生活，对于他们俩不常在他身边习以为常。丈夫的公司越做越大，赚钱的速度不断加速，他们的物质生活质量有了很大的飞跃。只是如此现状，却让长辈们开始担忧。

丈夫因为工作繁忙，回家的时间不断减少，双方父母担心他们这样各忙各的，接触太少，感情会逐渐疏远。他们的担忧引起了莫女士的重视，细想起来，与丈夫的接触机会越来越少，更谈不上沟通交流。他除了给她足够的家用外，他们就没有什么其他的联系了，他在工作中的喜怒哀乐莫女士也从不了解。原以为，都到这个年纪，彼此太熟稔了，在一起也没什么可谈，各忙各的，倒也少些麻烦。只是看着现在丈夫逐渐冷淡和漠然的表情，一丝阴影笼罩在莫女士的心头。曾经想改变现状，但几次努力都不见效。事情往往就是这样，不在意的时候也不觉得有什么异样，一旦在意了越想事越多：他最近给家里的电话越来越少，他忙于工作常常夜不归宿也想不到跟我说一声……眼看着不断加重的陌生感，莫女士却无能为力。

我们有时候自己都搞不清楚，自己扮演的那么多社会角色是为了谁？不断地去为了事业的成功的过程除了物欲和个人价值的满足，究竟带给我们家庭哪些益处？我们不能仅为了事业而生。我们还有家庭的角色，还有自己的爱人和孩子，还有父母，我们不能忽略了他们。

婚姻是每个社会人情感的港湾，当情感在婚姻中退居二线，我们会感到无助、苍白，是时候和爱人进行深入地交流了，在相互尊重的基础上，我们也可以有个合理的分工，原则在于：事业不是疏离家庭的借口，情感是维系彼此永远的纽带。

每个人都需要别的人

做档案工作的张女士与某公司部门主管林先生从小青梅竹马一块长大，大学时自由恋爱结婚，双方以前无话不谈。结婚后林先生工作繁忙，在异地努力打拼后工作日渐有了起色，却有了婚外恋，张女士为此十分苦恼。林先生说，他们夫妻个性上都是十分好强，结婚后常因琐事争吵，又加上林先生在外地工作，经常加班，没时间回家，林先生渐渐变得有话不和张女士说，工作的时候有了不顺心的地方，只和公司的"好朋友"倾诉，日子久了难免情感依赖，进而发生出轨的事情。对于林先生而言，的确也在出轨中体验到了乐趣和刺激，因此一发而不可收。其实，他也觉得发生这样的事不好，他仍爱着自己的妻子，他们之间还是有深厚感情基础的。

林先生的例子中存在两个问题，一是情感宣泄途径不当，很容易影响夫妻间的感情。向人倾诉是情感宣泄的常见方式。如果丈夫向妻子倾诉工作中的烦恼，妻子表现得漫不经心、不屑一顾，情感上产生的压抑很容易演变为夫妻间的唇枪舌剑。由于在婚姻里得不到心理满足，许多中年人转而发展婚外情。二是，一些被压抑的本能欲望，没有得到的总觉得是最好的。即使以为已经忘记，仿佛不再想起，可是一旦遇到合适的条件，压抑在潜意识里的欲望就会复活，驱使人设法满足心愿。实际上，即使心愿满足了也不一定能心安，因为对理想中的人往往期望值过高，相处时间长了，许多被激情掩盖的问题就有可能出现，新的遗憾又会开始……

莫名情绪

在北京某机关工作的张先生最近很烦恼，太太陈女士几天不让他进家门，说他不关心她。可张先生怎么都想不明白，自己事业很成功，和太太结婚多年，他自我感觉是很好的丈夫。细问后，陈女士委屈地哭述张先生没有考虑过她的感受，结婚多年从来没和她一起去上班。难得一起逛街，在路上遇见同事，他竟然跑去和同事说话也不理她。更使她伤心的是，公公婆婆只对张先生多加照顾，却忽略了她，陈女士非常委屈。张先生觉得很意外，他一直以为自己做得很好。

另一位李女士的遭遇更具有代表性。李女士40来岁，是北京某企业的财会人员，企业新上任领导对财会工作的要求近乎苛刻，李女士时常受到领导的无端指责，巨大的压力让她感到惶惶不可终日。李女士的丈夫是位出租车司机。有时候他回家晚了，李女士总要莫名其妙向他发一通火，说他不关心自己，老是有意躲着自己。丈夫对李女士承受着巨大的工作压力毫不知情。他怎么也想不明白：为什么妻子收入比以前高了、家里的生活比以前好了，妻子的脾气反而比以前更大了？刚开始，丈夫还能忍受。久而久之，夫妻之间常为一些琐事争吵，夫妻俩的隔阂越来越深。李女士感觉这样的生活特没有意思，她随之向丈夫提出离婚的要求。

这两位女士的问题，说穿了就是一个情绪问题。丈夫或妻子在外面得不到的理解、帮助或者同情，其实很希望在家庭中得到。夫妻之间如果能善于调动对方的情绪，夫妻俩就能找到正确的情感宣泄途径，从而避免因情绪波动而导致的婚姻危机。

____Part 6____
生活规划：生活是一种享受

何为享受？不同的人有不同的回答，因此标准的答案肯定是没有的。如果说生活是一种享受，肯定也有人反对，但生活的确应该是一种享受，因为酸甜苦辣肯定不是生活的追求，尽管它们是生活的全部。

生活给予我们更多的想象和选择的可能，让我们不断变化角色和生存环境，与各种人共事交流，产生情感，编织梦幻。生活会给予我们挫折，但同时，也赐予了我们坚强，也赐给了我们另一种阅历。

无论我们愿不愿意，总有不同的声音传递在我们心田，也许我们的身心享受就在这一个瞬间，让自己也感到神奇。那种感觉仿佛就像一泓清泉从心底流出，缓缓渗透在思维的荒原那样恬静舒坦，又仿佛站在醉人的田园，看到一丛丛油绿散发着内心的芳香。

1. 人不是仅为事业而生

事业对许多人来说，就好像人的是第二生命！许多人通过坚持不懈的努力奋斗，开创出属于自己的一片天空，从而解决身上所肩负的各种责任与义务，为自己的亲人朋友改善、营造出良好的生活环境，树立了社会地位，满足受尊重等心理需求，实现自己的人生价值，所以事业对人来说，这是不可或缺的，必须为其投入奋斗一生的。

但很多人一味地忘情于工作中，一心投身于开创辉煌事业中，把工作看得比其他事物都重要，忽略了身边的其他人与物。事物规律证明：想有所得到，就必须得有所放弃、有所失去！然而只忘情于工作的人，往往到头来会觉得，他们虽然拥有了很多，但在过程中失去的更多，甚至有些是无法弥补的"失去"。在积极奋斗不息的同时，不要忘了生活中还有着许多与事业同样重要的事物：家庭其乐融融的温馨、淡烈如酒的友情、情心缠绵的感动、孩子天真满足的微笑……

人不是仅仅为了事业而生。

1.1　人生不是事业的磨刀石

"人生不是事业的磨刀石"，这句话听起来很绕口。它有两层含义，第一层是说不要让事业变成刀，不要穷尽一生把事业干得漂亮、磨得飞快，然后再去完成生活的其余部分；第二层是说磨刀的过程是痛苦的，不要让事业和人生对立起来，要让事业本身变成享受，变成人生快乐的一部分。

让生活和工作平衡起来

一个美国商人坐在墨西哥海边一个小渔村的码头上，看着一个墨西哥渔夫划着一艘小船靠岸。小船上有好几尾大黄鳍鲔鱼，这个美国商人问渔夫要多少时间才能抓这么多？墨西哥渔夫说，才一会儿工夫就抓到了。美国人接着问道，你为什么不待久一点，好多抓一些鱼？墨西哥渔夫觉得不以为然，这些鱼已经足够我一家人生活所需啦！

美国人又问：那么你一天剩下那么多时间都在干什么？墨西哥渔夫解释：我呀？我每天睡到自然醒，出海抓几条鱼，回来后跟孩子们玩一玩，再舒服地睡个午觉，黄昏时晃到村子里喝点小酒，跟哥儿们玩玩吉他，我的日子过得充实又忙碌呢！

美国人不以为然，帮他出主意，他说：我是美国哈佛大学企管硕士，我可以帮你忙！你应该每天多花一些时间去抓鱼，到时候你就有钱去买条大一点的船，再买更多渔船，然后你就可以拥有一个渔船队，你还可以自己开一家罐头工厂。如此你就可以控制整个生产、加工处理和行销。到时，你可以离开这个小渔村，搬到墨西哥城，再搬到洛杉矶，最后到纽约，在那里经营你不断扩充的企业。

墨西哥渔夫问：这又花多少时间呢？美国人回答：15~20 年。

然后呢？

美国人大笑着说：然后你就可以在家当皇帝啦！时机一到，你就可以宣布股票上市，把你的公司股份卖给投资大众。到时候你就发啦！你可以几亿几亿地赚！

然后呢？

美国人说：到那个时候你就可以退休啦！你可以搬到海边的小渔村去住。每天睡到自然醒，出海随便抓几条鱼，跟孩子们玩一玩，再舒服地睡个午觉，黄昏时，晃到村子里喝点小酒，跟哥儿们玩玩吉他喽！

墨西哥渔夫疑惑地说：我现在不就是这样了吗？

这个故事的道理很简单：工作、事业只是生活的一部分，而不是生活的全部，生活中还有许多比工作更有意义的事情！如果因工而忘情，那将会错失生命旅程中很多美丽的风景！有业，有家、有爱、有友的生活，才是真正富足开心的人生。

这不是说我们不需要用奋斗的心去开创事业，创造美好的生活。面对现实生活，我们是应该勇于承担义务责任，以积极奋进的心态，去努力开创一番事业，证明自己的人生价值。但在努力奋斗的时候，不要只顾于投身事业中，丢失了给身边人幸福的最初初衷心态，忽略了比事业更重要的东西。忘却了努力工作的最初目的是通过事业，改善生活状况，给予亲人爱人温暖舒适的生活环境。

在很多时候，工作会和家庭生活产生冲突，尤其是人到中年，家庭压力最为沉重。那么，遇到这种情况该如何处理呢？看看付女士是如何做的。

在为公司卖力地工作了十年之后，付女士突然决定辞职回家，打算做一名全职太太。因为，公公病重，老公又无法抽身，孩子高考也需要全面生活照顾。这是大部分中年职业女性所面临的选择，离开工作全心全意生活。于是，在以后的两年半时间里，付女士专心照顾公公、老公和孩子，变成了一个全职太太。最近，由于公公去世，孩子也早已进入大学，付女士又"复出"了，并且继续在原来的公司再战江湖。

在离开工作的两年多时间里，付女士更加清晰地看到工作、生活、爱情、亲情对于自己的意义。付女士认为自己是很感性的一个人，在她眼里，至今依然是爱情、亲情比工作和生活都要来得重要。但是她不再做只爱一个人、专注于一个人的小女人，那样，她会渐渐失去平衡，丢掉自我。只有在工作中建立了独立的个人价值的女人，当她回到生活和爱情、亲情中时，才会感到一种平衡。有自身独立价值的女人才是更有魅力的女人，才能更好地享受生活！

享受生活是这两年中付女士最大的收获，她现在把工作和生活分得很清楚，从一定意义上讲，生活才是她的工作，因为她早已学会了享受生活。付女士还感悟到，亲人和爱人他们不需要自己有多大的成就，有多丰足的财富，多高的社会地位，他们更期望的是你自己能过得健康快乐，更多时候需要的是自己一个关心的问候、一个温馨的拥抱、一个诚意的赞赏……他们要的不是自己的事业，不是自己的财富！他们只需要一个有陪伴，有体贴温怀，充满笑声、充满生机、充满幸福感的温暖开心的家。

人在一个阶段只能完成一件事情，家庭总是要花费些时间的。如果付女士在当时选择坚持工作，工作可能因为受到生活牵制，不会很出色；如果工作很出色，个人生活则必然会受些损失。这就是为什么当时付女士选择离开的原因。当她觉得应该用工作使生活更完美的时候，付女士又回来了。

享受工作的乐趣

绝大多数人都是要工作的。除去双休日，一个人平均一天要工作8个小时，而且，这8个小时，是一天中最精力充沛，最有价值的8个小时。可是，对待这8个小时的态度，人们却多有不同。有的人视工作如同受刑，从上班的那一刻起就巴望着下班；有人只求应付，不求出色，干好分内事就算万事大吉。这样的人往往会让工作变成了痛苦，让自己的"人生成为了事业的磨刀石"。

如何避免？最关键的一点就是要记住：让工作也变成一种享受，不要再过多地关注那些过错、失去的东西和得不到的东西，而忽略了真正想要和现在拥有的东西。

看看高女士是如何做到的？

高女士任职于一家大型电力公司，参加工作至今十几年，她一直从事办公室工作，多年来立足本职，兢兢业业地工作，可由于办公室工作的特殊性，白天忙碌，晚上加班，甚至于好多周末都待在办公室，但总感觉还有工作没做完，没做到位，工作压力大，人也疲倦，并且不能得到别人的理解，热情日渐被繁忙、琐碎的工作削减，所以每天她都感到身心疲惫。

近几个月来，高女士发现好动的女儿变得格外乖，每天做完老师布置的功课之后，会伏在桌上解《数学同步练习》的习题。她时而静静思索，时而埋头计算，每解出一道题，会兴奋地喊一声"又消灭一题了"，回头给家人一个顽皮的笑，然后又继续解下一道题，乐此不疲，快乐溢于言表。

女儿的变化很让高女士诧异，有天趁她又解除一道题正高兴之时，高女士夸了女儿一番，并问她解数学题多枯燥，是什么吸引她让她这样入迷！女儿对她说："妈妈，做什么事都要下功夫，玩也一样，平时我做纸画、十字绣虽然都是娱乐，但要细心、耐心才能做好，虽然是玩，有时也很辛苦。如果我把解数学题当成娱乐，付出相同的辛劳，但我的收获不一样，除了开心，学习还会进步，一举两得。"

女儿的话，让高女士顿开茅塞，深受启发。她想："如果我也以女儿的这种积极、快乐的心态去工作，我或许可以从工作中获取乐趣，享受工作的快乐。"

自从和女儿那次谈话后，高女士不断地调整自己的心态。她把下工地当成采风、当成短暂的旅行，以饱满的工作热情、激情走进送变电工程施工一线，走近一线员工，在把镜头对准铁塔、工程施工作业之余，趁饭后休息的短暂时间与一线员工闲谈，从中她常能发现普通员工不为人知的亮点，意外的收获和沿途的风景让她的脸上写满笑容；她还把下基层公司当成会见老朋友，和新老同事请教工作、闲聊生活，他们无私地把多年总结的工作方式、工作经验教给她，不断地提高日常工作效率，写作、摄影水平；每当撰写工作总结、阶段性工作汇报时，她把它当成是业余写作，虽然它们不能见诸报刊，但她会为耕耘而愉悦……

渐渐的，工作量虽然有增无减，但高女士感觉工作压力在减轻，工作比以前顺手，人缘比以前好。基层单位有信息，领导、同事会打电话告知她，日子一天比一天明朗。工作一顺心，心情、精神状态逐渐发生了改变。以快乐的心态投入工作，让高女士享受到工作的乐趣，甚至于影响了她生活的心态。

是的，心态的一点转变即可以从忍受工作变成享受工作。事实上，无数事业有成的人在谈到自己为什么会成功的时候，都提到他们很热爱工作的原因，就是为了享受工作过程中的乐趣。他们发自内心地热爱自己的工作，从来不认为工作是一种累赘，也从来没有想过要应付工作，他们力求工作更加完美。工作带给他们战胜困难、挑战自我的快乐，工作让他们体会到创造的快乐。工作的过程也是与人合作的过程，这里有团结协作的快乐。这些快乐使他们的生活充满精彩。

当然，让工作变成一种享受在所有的人那里并非像上述的高女士那样简单，下面介绍一些方法，也许对你有益，不妨尝试一下。

（1）找出你承担职位的意义

每一个职位都可能是你所在单位的重要一环，你之所以在现职上工作，是有原因的。找出这个原因，即找到了你工作的意义。

（2）成就感不是别人给的

不要仅仅以上司或同事的夸奖作为成就感，要让成就感从自己内心产生，这样每完成一件工作可能都会让你从内心产生愉悦感。

（3）拥抱每一个改变

工作中，人们经常会因改变而导致摩擦产生，一般人常也不愿面对改革带来的种种不快，但改革常常会带来更好的协作和效率。切不可囿于自己的小工作环境和氛围而抵制单位改革给你带来的改变，要去拥抱改变。这样你可能会更有效率，工作会更顺畅。

（4）别忘了更远大的目标

工作的首要原因不应是金钱。重点是清楚自己的社会使命和人生目标是什么。

（5）别让外在纷扰影响你

不想被职场敌意病毒感染，我们必须以行动证明。水能载舟，但如果船进了水，即使是战舰也会沉。穿行过你工作环境的水上，但不要让这"水"污染你。

（6）和难于相处的人一起工作

遇到难于相处的人，一定要保持专业精神。首先，要把目光摆在目标上。还有，要公平对待每一个人，要对事不对人。

（7）乐在当下的工作

要达到我们的目标，我们需要迈出好几大步，但不要一味想着这些大步，只要一次跨出一小步就行了。人生是场马拉松，将整段路程划为许多小步骤，逐步完成。

（8）感觉有志难伸时先内省

我们得先认清自己，自己的想法一定是正确的吗？是不是按自己的想法去做一定比别人的好？要相信如果自己的办法真的好，你总会到有志可伸的一天。千万不要因为一时难以实现，而让自我加诸的情绪像涟漪一样越变越大。

（9）别搞办公室小团体

办公室的勾心斗角哪儿都有，谣言、不正常的男女关系、背后中伤以及人类可能制造的一切丑事，都在这里派系汇聚。忙着这些事，会忘掉工作所为何来。

（10）心里要有一首歌

对于在敌意工作环境中奋战的我们，心中能不能常保那首灵魂之乐的活跃，可能是我们成功或挫败的关键。歌声是威力强大的武器，它能化解人的仇怨，有时高歌一曲能将万千烦恼一扫而空。

1.2　可以过一种优雅自豪的生活

有些人认为"优雅"是富有人家的专利。以往我们说到"优雅"，就会联想来自豪门望族、毫无经济压力、不食人间烟火的人拥有的那股颇有距离的气质。的确，不可否认优雅的生活需要一定的经济基础，但是我们也可以换一种方式来理解"优雅"的意义。

我们可以颠覆对于"优雅"的传统印象。如果把优雅生活定义为有情趣的生活、有智慧的生活和充满体悟的生活，那么，优雅的生活就和充满忧虑、迷茫、混乱的生活对立起来，这样的生活也就可以在一般的人群中实现，而不一定要经济实力的雄厚。因为一个有智慧的人，能够正确掌舵人生，一个懂得体悟的人，人生必然充满情趣，而且永远多彩多姿，我们完全可以为这样的生活感到自豪。

简单说来，想要这种生活这样做到三点：第一是简单，第二是慢下来，第三是多体悟。

简单

是我们所处的世界变复杂了？还是我们自己变复杂了？童年那些

琐碎而简单的快乐哪里去了？越来越多的物质、欲望的堆积，你还会为一小块牛皮糖、一件漂亮的衣服而欢呼雀跃吗？我们的生活何时变得复杂了起来？

也许是世界变了，但如果我们能始终保持简单生活的态度，将会发现，原来一个人喝杯红茶，读一本放置很久的小说，听一首动听的歌，悠闲地度过一个慵懒的下午，也是一件十分快乐的事.

年过四十的我们经常会想起那个物资匮乏的年月，人们因为生活简单反而很轻松。因为没有汽车，所以不用操心油价、停车费、维修保养；没有房屋买卖，谁都不用欠着银行的房贷活得像杨白劳；柴米油盐酱醋茶，几乎都在那一个小本本上划定了数量，到时候去领就是了，谁也不多谁也不少，省了不少挑剔口味、品牌、包装、服务、价钱、质量的烦恼；出行只有公交车和自行车，不用花钱健身；电话是稀罕物，很多事情要口耳相传，于是多了很多和朋友见面的机会……因为简单，所以没有要求；没有欲望，就没有烦恼。

那时候的蔬菜是天然生长的，化肥是奢侈品，所以我们不会因为吃了太多激素或毒素而生病，花大笔银子去医院排队看病；粮食是粗粮多细粮少，更没有那么多动物脂肪添加在菜品中，所以，我们不会吃多了长肉长脂肪肝和高血脂，再花大笔银子虐待自己去减肥；城市是简单的，街道的宽度刚好够公交车和自行车友好的偕行，所以我们不会迷失在车海中，而城市的大小也合理的接受步行和单车；环境是干净的，空气和水都没有污染，所以我们不用花银子，清理身体内外不断出现的奇怪物事；甚至建筑亦然，五或六层的红砖楼房，方方正正有棱有角，四面爬满了藤蔓，干瘦的青藤末端在楼顶不甘心地伸向天空。那时候的世界不太复杂，心也相对简单。

我们说那个时代的生活很简单，并不就是说只要那样生活就是简单生活。简单生活不是不要去追求、不要物质的生活；相反，简单生活并不意味着清苦与贫困，它是人们深思熟虑后选择的生活，是一种表现真实自我的生活，是一种丰富、健康、平凡、和谐、悠闲的生活，是一种让身心沐浴自然、在静与动之间寻求平衡的生活，是一种无私、无畏、超凡脱俗的崇高生活。

听歌看电视做饭都是生活，并且都是简单生活，而且这种简单制造了一个轻松自由的空间，使心灵得到充实，使心情得到放松。在现实生活中，我们被太多的物欲驱使着，房子、车子、票子，还有美丽的女子、帅气的男子、出人头地的子女……为此，我们不停地工作，不停地追赶，我们很少有时间停下来问一下自己：我们真的需要这些吗，我们做这一切是为了什么？停下来思考：哪些是必需的？哪些是无所谓或者仅仅为了攀比、逞强好胜的？人的生命旅途中有很多美景，年龄不同，风景也不同。我们是否可以在满足自己基本物质需求的同时，看看路上的风景，让自己的心灵随四时变化、与天地同行呢？人生在世就那么几十年，赤条条来，赤条条去，何苦把生活搞得那么复杂？

简单生活是对人生的尊重，是对生命的回归。例如，下班关闭通讯工具，对频繁交际说一声"不"，抛弃烦琐的讲究，几样家常菜、一碗蛋花汤，充足的睡眠、休闲的衣服，亲爱的人儿、温馨的话语，泡一杯清茶，品味人生；听一首经典歌曲，愉悦身心；看一本好书，读大千世界。利用节假日出去走走，看看青青的山、绿绿的水、红红的花……净化心灵，陶冶情操，拓宽视野。

简单不是无为，相反，很多成功人士的生活都很简单，他们省却了许多复杂无谓的事情来做更喜欢更值得他们奋斗的事业，正所谓"有所为而有所不为"。

简单让心灵充盈，让肢体放松，让精神放松，这样活着，何乐而不为呢？放松自己，才会享受人生！

"简单的不一定是最美的，但是最美的一定是简单的。"这句话可能会让很多人五体投地，至少它深入到生活骨髓。

慢

"为什么我辛辛苦苦做了一个小时的晚餐，你10分钟就吃完了？"世界上有太多的太太们曾经这样抱怨。如果那些匆匆丢下饭碗的男人们能继续吃上15分钟，天哪！除了太太的微笑之外，还不知道有多少好处等待着他。难道诱人的美食还不能让他们的胃缴械投降吗？不是，而是习惯，他们已经习惯了囫囵吞枣地进食，无论是巨无霸还是清蒸鲈鱼，甚至快得只剩下吐鱼刺的时间。

有没有想过每天在忙碌中我们失去了什么，多久没因为生活中的小停顿会心微笑了，慢下来不代表不前进，只是为了在前行的途中更好地观赏风景。

是西方人的富裕催得我们跑得比兔子还快，然而又是西方人最早意识到"慢"的人性化生存方式。他们的一年仿佛就是这样度过：春天工作，夏天度假，秋天罢工，冬天圣诞。即使工作，每天也只是几个小时，其余是休养生息。有人说他们懒，他们却认为是在享受生活：午休时间全街店铺落闸关门，到了四五点钟才懒洋洋地营业，而到了黄昏，太阳下山，他们又开始关门——享受起家庭或个人的时光，这种"慢文化"如今成为一场酝酿中的国际风尚。

德国著名时间研究专家塞维特在评价"慢生活"时说，与其说这是一场运动，不如说是人们对现代生活的反思。快节奏的生活就像鞭子一样抽打着人们不断向前，没办法慢下来。因此，"慢生活"有点"物极必反"的道理，其本质是对健康、对生活的珍视。长期生活在紧张的状态中、没有人可以倾诉烦恼、生活不规律且节奏太快。人一旦慢下来，就能有更多的时间品味生活，丰富阅历，从而达到减压的目的。因此，慢正在变成一种风靡世界的优雅，在我们日常生活的各个方面都可以慢下来。

慢餐饮："慢餐不仅仅是给我们的味蕾寻找美味，而是为了保留我们的人性。"著名的"慢餐国际组织"在十几年间不断四处呼吁。1989年，意大利记者、饮食评论家佩特里尼被几十名学生坐在"西班牙广场"上大嚼汉堡包的场景震惊。为唤醒人们遭快餐催眠的味觉，佩特里尼发起了"国际慢餐协会"，提倡回归对食物及用餐环境质素的高要求。SLOWFOOD 的标志：那个 O 字，设计成蜗牛的模样——慢慢吃吧，没有太特别的事情要赶的。

慢读书："一目十行"是对阅读高手的赞美，但是，很多美国"慢一族"开始放慢阅读速度。他们认为"细嚼慢咽"地读书可以完全沉浸在书籍的氛围中，给予细节更多的关注，这样做不仅阅读效果好，也能够带来更多心灵上的愉悦。

慢旅行：缓慢旅行强调并不是去哪里，而是在哪里。除了从历史遗迹入门，了解历史宗教对当地人的影响，更可以到街巷上的百年老店，去品味当地人表现在日常生活中的美感意识。缓慢的城市更需要缓慢的步调。你可以不搭电车、巴士，用脚踏车或步行穿梭在大街小巷。你会发现，有缘接近当地人世世代代传承的幸福，是多么的幸运。

慢工作：现代工作节奏是"慢"的大敌，对于它，"慢一族"也有解决的办法。在法国，3% 的企管人员在家办公。42 岁的 IT 公司人事部经理皮尔 3 年前决定回家办公，繁忙了近 20 年的他终于有时间好好地和家人相处了。他这样做不仅没有耽误工作，而且还因提出简化人事管理的建议受到奖励，使公司最终决定 30% 的二线工作人员可以在家办公。

　　此外，"慢一族"还强调花更多的时间处理一件事，而不是在不同的事之间周旋。例如，医生应该多花时间了解病人，这样有助于达到更好的治疗效果，而不是巡视查房走一圈而已。

　　慢运动：如今，无论是在忙碌的美国还是浪漫的澳洲，一种每天一万步的健身方法相当流行。医学研究表明，每天步行 1 小时以上的男子，心脏局部缺血症的发病率比很少参加运动的人低 4 倍。中医认为，脚掌是人体的第二个心脏，人体的五脏六腑都与两只脚息息相关。人类脚踝以下有 51 个穴位，其中脚底有 15 个穴位。日行万步，就等于不断地在按摩第二个心脏。那么，请试想一下，在离家还有 3 站地距离的时候，如果改乘车为走路，你觉得如何？或许你会不假思索地说："又耽误了宝贵的 15 分钟。"但换个角度想，这 15 分钟里，你的全身都在运动，你又享受到了什么？

　　慢休闲：很多现代人的休闲方式是一群人出去狂欢一宵，然后一哄而散，在"慢一族"看来，这不叫休闲。我们来看看美国德克萨斯的一个养猪农场主哈瑞斯先生的生活：他每天晚上 8 点半就把手机关掉，或读书或早早就寝。周末两天，不接受任何大规模聚会邀请，而是和妻子或几个好友相约外出，要么钓鱼，要么寻找其他休闲方式。

　　慢下来，生活更精彩！

　　体悟

　　听到鸟语，嗅到花香，看见高山流水，奔腾不息。行走在天地间，畅游网络世界，与千里之外的好友隔屏相望，互相交流，探讨人生，关注地球的每一个角落。品尝大千美食或饱览世间万象！不断尝试乃至成功或永不放弃，梦想成真！成功的喜悦，失败的无奈！这一切的一切都可以是快乐的，只要你去体悟。

　　当你饥饿时有人会为你做饭，当你生病时有人会为你着急，当天气转凉时有人会提醒你添衣，当你遭遇困难时有人能为你献上一份力，当你在博客里发泄自己的真情实感时，有人为你加油、呐喊。这一切的一切都是充满乐趣的，只要你去体悟。

哭时，有人会为你细心地擦眼泪；笑时，有人能陪伴你左右。电视、电脑、电影、书籍，别人的悲欢离合都会牵动你的心灵，只要你去体悟。

是的，这一切的一切都是生活，难以数清。虽然有时生活会像一杯白开水，平淡无味，但你一定要相信，如果放进茶叶，杯中的水就会不一样，你一定会越品越甘甜。虽然生活有时会像一杯苦涩的咖啡，但你一定要相信，怀着欣赏的心态去品，你一定会越品越香。

人生百态，世情物理，纠缠联系，纵横开阖，既是平凡的，又是美的。"生活不是缺少美，而是缺少发现美的眼睛""世事洞明皆学问，人情练达即文章""处处留心皆学问"，这说的都是体悟的重要性。

生活并不是整齐划一的，它纷繁芜杂，复杂多变，琐屑平凡，这就需要练就一双慧眼、一个好头脑，善于观察，善于思考，善于追问，善于探索，体悟社会，体悟人生，去捕捉、提炼自然之美，人情之美、人性之美、思想之美、物态之美、哲理之美……这说的也是体悟。

多一层体悟，多一层美；多一层体悟，多一层优雅。

以上追求优雅自豪的生活的三个环节，只要用心去做，优雅的生活就离你越来越近。

2. 寻找适合自己的生活方式

　　世上人有多种，正如德国哲学家莱布尼茨所说："世上没有两片完全相同的树叶。"即便人与人如何相似与相近，但本质上却还是完全不同。因而谁也不可能让别人取代了自己，因为别人眼里的幸福不一定就是你的幸福，适合别人的那种生活方式不一定就是最适合你的那种。究竟哪种生活方式是适合自己的，首先自己要了解自己究竟是怎样的人，然后就应该朝那个方向努力。

2.1　另一种生活的可能

　　很多年过四十的人都认为，到了这个年龄，常年的生活习惯、各种条件的限制，已经使自己的生活基本定型了，想改变已经很困难了。于是开始安于现在乏味的生活，委曲求全，数年如一日而不求变。但这种生活真的适合你吗？如果你经常感到生活乏味、无聊，甚至没有一点轻松与快乐，那就不是适合你的生活。在以后还很漫长的人生中，你需要重新为自己找到另一种适合你的生活。

　　西方有句谚语："人的生活在四十才开始。"著名文选家梁实秋说得好："四十以前，不过是几出配戏，好戏都在后面。……我看见过一些得天独厚的男男女女，年轻的时候愣头愣脑的，浓眉大眼，生僵挺硬，像是一些又青又涩的毛桃子，上面还带着挺长的一层毛。他们是未经琢磨过的璞石。可是到了中年，他们变得润泽了，容光焕发，脚底下像是有了弹簧，一看就知道是内容充实的。他们的生活像是在饮窖藏多年的陈酿，浓而芳冽！对于他们，中年没有悲哀。……中年的妙趣，在于相当地认识人生，认识自己，从而做自己所能做的事，享受自己所能享受的生活。科班的童伶宜于唱全本的大武戏，中年的演员才能担得起大出的轴子戏，只因他到中年才真懂得戏的内容。"

这些都是在说，四十岁正是人生中开启新生活的黄金年龄。可以说，中年的优势是别的年龄阶段所不能比拟的。中年人生最大的优势莫过于可以圆润饱满和淡定从容地活在当下，活出自己，活出生命的内涵和意义，不放弃任何一个能让自己继续成长的机会，任何一个不断追寻的机会，这也许是步入中年的吾辈更应把握的要义。

如何追寻另一种生活，如何把握另一种生活？说容易，但也比较困难。但我们不妨先从下面的小细节做起。

事做得少一些

当你想要做成百上千件事情的时候是很难慢下来的，有意识地少做一些，关注那些真正重要、真正需要做的事情，把剩下的放弃掉。给每一个任务之间留一些空间，这样你能以悠闲的节奏度过每一天。

关注当前

光慢下来是不够的，你需要留意当前你所做的事情，也就是说关注自己正在思考的事情，或者已经发生的事情，或者可能会发生的事情，缓慢地将你自己拉回到当前。对于你的行动，对于你周围的环境，对于你周围的其他人你都应该这样。这需要一定的练习，但也是最根本的东西。

暂时脱离网络

不要总是在线。如果你随身携带着手机或者其他移动设备，那就关闭它，更重要的是，在可能的情况下别带着它。

如果你一天的大部分时间都在使用电脑，那就腾出一些不在线的时间来做一些其他事情。总是在线意味着我们要被打扰，不断处于外来信息的压力之下，我们处于满足其他人需求的紧急状况之中，当你总是查看新信息的时候是很难慢下来的。

把注意力放在人的身上

我们常常花时间与朋友、家人或者和同事在一起，但是我们并非真的和他们在一起。我们和他们谈话，但是却随时会被身边的电话打扰。

我们人在那里，但是我们的思绪却放在我们需要做的事情上。我们是在倾听，却在想着让我们分心的其他事情。我们没人对此有免疫力，但是在有意识的努力下，你可以关闭与外部世界联系的渠道，仅仅和当前与你在一起的人分享快乐时光。这意味着只需要很少的一点儿时间和家人、朋友在一起，就可以有很高的团聚质量——也就是说，更有效地利用了你的时间。

赞赏大自然

我们当中的大部分人多数时间都被关在家里、办公室、汽车还有火车里，很少有机会外出，而且就算是外出，他们都在玩手机。

改变一下自己，花些时间外出，真正接触并观察大自然，在新鲜空气里做一次深呼吸，享受绿色生态的宁静。可能的话从事一些自己喜欢的户外活动，比如散步、远足、游泳等。感受水流、风和泥土触摸你皮肤的感觉，尝试着每天都这么做。

在所有事情中寻找乐趣

这和关注当前是有关系的，但是要更深入一些。无论你在干什么，完全要关注当前，而且要欣赏它的每一方面，寻找让人享受的一面。

比如，当你洗盘子的时候，不要把它当成一件单调的琐事，想要尽快完成它，而是要真正地去感受水、清洁剂和盘子。如果你能以这种方式来看的话，它就会真正成为一项让人享受的任务。

对于其他琐事也一样，洗车、打扫、除灰尘、洗衣服等等，如果你能把这种态度当成习惯的话，生活完全可以让你尽享其中乐趣。

单一任务

和多项任务相反，一次只关注一件事。当你未完成一项任务时，不要让自己关心另外一项任务。有了分心的念头时，一定及时将自己拉回来。

深呼吸

当你发现自己的生活节奏变快、压力变大的时候，让自己头脑冷静，做一次深呼吸，让那种浸透身心的感觉缓缓进入你的身体，这样压力就会被驱散。

你要做到细心关注每一次深呼吸，每次都要闭目冥思片刻，当你睁开双眼会觉得生活是如此美好。

生活中的这些小细节不胜枚举，就在我们身边，我们每天都在重复做着。可以说正是这些小事构成了我们习以为常的生活。当我们先从身边的这些小事去改变，你会发现另一种适合你的生活也许正向你敞开大门。

2.2 向着心性而生

"心性"一词，在最普通的层面上，它是指人的性情、性格。但在古老的以中国文化和佛教文化中，心性又有着更深的含义。

在中国古典哲学范畴，心性指的是"心"和"性"。战国时孟子有"尽心知性"之说。其后佛教各宗盛谈心性，禅宗认为心即是性，倡明心见性，顿悟成佛。宋儒亦喜谈心性，但各家解说亦不一。程颐、朱熹等以为"性"即"天理"，"心者，人之神明，所以具众理而应万事者也"。

故"心""性"有别。陆九渊则主张"心即理也"，认为"心""性"无别。总体说来心性指的是人永恒不变的心体，亦即如来藏心、自性清净心。

学术上的分析阐释我们不去管它，我们不妨将心性作为一种人生最高的境界，向着心性而生，即是意味着在生活中去追求人生的最终境界。

现代心理学家将人生的境界大致分为以下几种类型，不同类型的人都可以根据自身的特点去追求属于自己的人生境界。

（1）现实型

其核心是力图以自己的努力为自己和他人，乃至整个社会去谋取福利。这种类型最为复杂，他们相信人生的价值即是以自己的力量去改变现实的世界。

这种类型的人一般来讲能够达到的最高人生境界即是传统所谓的"齐家、治国、平天下"。当然这句话的字面意思已经不适于现代社会，但我们不妨把它理解为人生对于家庭、对于社会的贡献。因此，不论一个人的职位高低、力量大小，都可以去追求这种境界。

42岁的吴先生是我国南部某村一个普通村民。尽管他几乎丧失了视力，却是一个远近闻名的社会活动家。他把自己的家改造成了一个小有规模的乡村图书室和青少年学习室，并且把一辆客车改装成了一个流动图书室，将服务范围扩大到周边的村庄。

吴先生的房子是一个普通的农舍，正屋门口挂着"青少年学习室"的牌子。和其他人家不一样的是没有院子，他把院子改成了一个开放的停车场兼篮球场。他的图书室四壁都是落地的书架，摆放着几万册图书。中间是两排长长的矮木桌，村里的孩子们可坐在地板上舒舒服服地看书学习。这间宽敞舒适的青少年图书室占去了大半个房子，吴先生自己的卧室和厨房都挤在一旁狭小的厢房里。

吴先生说自己多年前就意识到农村民众，特别是青少年文化生活的贫乏，所以把自己的房子拿出来设立了这个图书馆。他的坚持受到了越来越多的关注，也得到了越来越多的支持。地方政府从几年前开始提供少量的资助，并发动政府职员捐献图书，还把一辆退役的客车捐赠给吴先生，改装成了今天的流动图书室。吴先生致力于维护农民的权益和改善农村的环境，每当村民们遇到什么问题的时候，首先想到的就是找他来主持公道、出谋划策。

吴先生的力量微薄，他的图书馆的影响也仅限于几个村子，但他这种精神确远远不是一个小图书馆可以比拟的，他的境界就是不为己利，奉献自我的崇高境界。

（2）浪漫型

梦想在乡下某个地方盖间自己的干草屋，养一头自家的牛，种些香草植物，过着"美好生活"的浪漫人士，就是属于浪漫型的人，他们偏重于精神的生活以及对于现实的超脱，海阔天空，无拘无束。

彻底地摆脱物欲，追求人生瞬间的种种体验，包括文学、艺术、音乐等等，浪漫型的人更多追求这种种形式的表达。他们在种种艺术中栖居，活在一个比现实世界更绚烂的世界中。

不难发现，这种类型的人的人生境界应该是专注于对属于自己的一个理想世界的塑造上，这个世界可以是现实的属于自己的空间，如自己的家庭，也可以是虚构的一个世界，如用小说、艺术等塑造的世界。

在我们的生活中，这样的人很多，各种作家、诗人、艺术家、音乐家等等。或者如果你不愿意成名成家，而专为自己或志趣相投的朋友创造也可以。

总之，在这类型的人中，在追求自己的境界时，最重要的就是平衡金钱、名利等现实生活与你追求的精神之间的平衡问题。如果你真的热爱生活，就不要谴责生活、排斥生活、诅咒生活。在生活中你要做一个强者，拥有自己独立的人格，拥有自己完整的一切，无论是跌到了还是站在顶峰，都不要气馁，不要炫耀。记住，如果生活给你一份失意，也会给你一份拥有；给你一个美丽，也会给你一份困惑。人生的路很长也很短，只要你把握好自己的人生方向，生活就会少一分遗憾，少一分慨叹！如果，仅仅是为了通过从事一种艺术而谋名利，那么要适当修正。因为一旦向名利、现实倾斜，你所创造的精神世界将会出现危机。

（3）求道型

想要活得更简单，舍弃生活中使他们偏离精神目标的一切，比如金钱、财产等，进而在精神上和宇宙万物建立更深联系的人。这与浪漫型的人有形式上的相似，但其本质不同，差异在于，求道型的人追求人生的终极解脱，而浪漫型的人追求现世的精神超脱。

想要追求这种类型的人多是信仰宗教的人。因此，核心问题即在于信仰的坚定，只要坚定，即可以达到最终的无上境界。

（4）隐居型

追求这种境界的人一般是高度敏感的人，受不了现代生活的步调，想要平静、独处和感觉"远离一切"的人。

就像古代的隐士，他们淡泊名利，在生活之中，但也在生活之外。他们工作着，但不求事业建树，他们与人为善，但不求朋友众多，但求一二知己。他们豁达，可以包容万事。总之，他们安然得生活在自己的小天地之中，平静而无忧。

中年人经过数十年的坎坎坷坷，生活的风雨，对人生自然体悟良多，在这个年龄开始去追求人生的境界可以说是不早也不晚。

　　不同的人可以追求上述的不同的境界，那么，什么样的人生境界适合自己去追求，这肯定要先从自身开始寻找。古语说得好："知人者智，自知者明。"一个人最大的敌人是自己。因为他们往往难以客观地认清自己，只能看到自己的优势，而这时，因为你的自负与骄傲，你的优势往往成了你的负累，所以一个人要充分地认清自己，认清自己的志趣，这样才能发挥出你的优势，这样才能找到另一种适合自己的生活，达到另一种境界。

　　认清自己，并不是一件容易的事。就像在矿山里寻找钻石，你必须先探测出钻石在哪里，然后才可以瞄准目标，奋力挖掘。认清自己的特质，就像是寻找钻石那样，先分析清楚自己的个性、爱好与才能，然后，再瞄准目标，片刻不停地去挖掘、去雕琢。人生的光亮，也要像钻石一样，必须透过长时间的挖掘，费尽心力的琢磨，再历经辛苦的等待，最后，那颗晶莹耀目的钻石，才会散发耀眼的光芒，令人惊叹，也让人落泪。

　　中年满如一缸水在将溢未溢之间，是丰满之满。中年是理智的年龄。"感情炽热而情绪敏感的人，往往要在中年以后方能成事"，人到中年才能深切地体会到人生的意义、责任和问题，反省到人生的究竟，因此，认清自己是要以智性作根本的。

　　智性大于智慧。唯智性到家者方能成为智者。智性是中年始拥有的大境界。智性是经历了风雨坎坷、甜酸苦辣之后的通脱。智性是大智若愚、大音稀声的浓缩。智性是现实取代了幻想的缥缈之后的稳重；智性就是独立自主、自力更生的本钱；智性是从容不迫、举重若轻的火候；智性是不骄不躁、不偏不倚的成熟；智性是失去了依附、有了些孤高的风度，又是诚实为本、生活严谨的原则；智性，是境界再上一层楼的阶梯。

　　下面我们来说一说，在追求人生境界的旅程中常常会遇到的问题。

追求人生境界，需要的是不懈的坚持

不论你的人生信条在于奉献，还是在于追求个人解脱，你都不要停下脚步。一旦脚步停住，如获满足及快慰般的享受生活，生活就要戏弄你，就会用不幸、压抑、痛苦、枯燥折磨你。现代人，虽要求必须求新求变，但心中若失去坚定的信念、不变的追求，必然会在多变中迷失自我。

有人说，人生如梦。人生倘若真的如梦境那么美，那我们还要生活做什么？在梦里享受人生吧！可梦里也有分离也有苦恼也有风雨的侵袭也有流言蜚语，也有一切不可避免的而又不愿面对的东西。不论你追寻的是一个什么境界，都不要让它变成一个虚无缥缈的梦。

也不要仅仅看重拥有，一旦苦苦的追求变成拥有，便徒感无聊无味无趣。不要让追求成为过去成为永恒，要在追求中感悟生活的真谛，让追求构成绚烂而多彩的人生，构成人生境界不可或缺的基石！

追求人生境界还需要忍耐

有时，在我们追求人生境界时，会觉得生活就好像一杯白开水，明知其清淡，但还必须日日得喝，我们要做的是深解这白水之味，要在回味体会生活之趣。不要叫苦，要有"打掉门牙肚里吞"的决心。

一切不要刻意

有人说，我的人生境界只求平淡。倘若你真的要求平淡，那只能说明你很平庸，因为平淡不是要求而来的，平淡是追求、拼搏、努力寻求后的一片遐想的自由天空。她给人以想象，给人以启迪，给人一种活着的乐趣。而平庸，只能是虚度年华，让大好的青春付之东流，要求的平淡是平庸的一种附属品。平淡只能是经历过风风雨雨坎坎坷坷升华的一种人生的境界。

总之，不要刻意。其他的人生境界也如此。

3. 精神的丰富与充盈

据社会心理学家调查和统计，有相当多的中年人在精神领域很容易遭受危机。因为子女们大多已经长大，长期在学校学习，或者有的已经闯荡世界去了，两辈人不仅仅存在代沟问题，而且此时已成了两个世界的分野，很少能够做到自然的沟通。年轻人不懂得或很少顾及老人们的感受，只沉溺于自己的世界。中年人虽然处于传统意义上的不惑和天命，却并没有安于不惑与天命。走近他们发现没有多少人能够乐观与从容，虽然他们没有衣食住行的压力，却感受到精神世界的没落，悲观情绪在弥漫，有心境心情的变化，更有面对困顿世界的茫然无措。他们中的很多人用打牌、跳舞，漫无边际目的的闲逛来打发时光，很难再提起奋斗的激情，对一切漠不关心，好像大事小事事事不关己，风声雨声声声不入耳。日复一日生活在乏味的重复之中。

因此，人过四十，亟须在精神领域丰富和充盈起来。物质代替不了精神，丰富的精神生活不但可以使一颗烦躁的心得到片刻的宁静，还可以忘却尘世的喧嚣和烦恼。同时，精神的丰富和充盈，也是我们上文所说的追求另一种优雅自豪的生活，以及提升人生境界的重要保障。

3.1 旧习惯中求新知

这里所说的新知不是数理化等科学知识，而是指人生的经验、生活的智慧。

反思自己过去的人生

有人会问，反思过去的人生和标题"旧习惯中求新知"有何关系？

其实很简单，我们过去的人生，或者是我们现在的状态，就是由已经在几十年中的一个个习惯组成的。因此，反思过去的人生就是反思过去的所有的造成了我们现在的生活状态的习惯。

曾子说："吾日三省吾身——为人谋而不忠乎？与朋友交而不信乎？传不习乎？"翻译成现代的话意思是：我每天多次反省自己，替人家谋虑是否不够尽心？和朋友交往是否不够诚信？老师传授的学业是不是反复练习实践了呢？

是啊，世道纷繁，熙熙攘攘，心为外利所动，几乎失去真我；物欲横流，乃至人心不古；求诸外欲，而忽略了内存的诚信。如何对待浊世横流？儒家主张人应在人世间寻求与他人的契合，在求诸他人之时首先求诸自身：我是否做到了？以此感化世人，引导世人。

古希腊哲学家苏格拉底也说过：没有思考和省察过的人生，是不值得过的。由中外先哲的话中，我们可以看到对人生进行积极的反思的重要性。反思是我们正确面对人生的很有效的一个方法，这样可以及时地调整我们的生活方向和生活的目的，这样，就会向精彩的人生走近了一步。

对于中年人来讲，人生也的确是需要不断反思的，因为已经过去的几十年，有成功的，也有失败的，有做得妥当的，也有不妥当的，如何前行，如何做到心安理得，的确是需要反思的。好的，继续保留，发扬下去，坏的改掉，所谓"有错能改，善莫大焉"。

如果把生活比作艺术，而我们每个人是这个艺术的创造者，那么，反思精神就是我们能继续使生活这门艺术日趋完美的阶梯。常思昨天，取长补短；审视今天，甄别积淀；前瞻明天，求新求变。必能意会融通，必能成就生活智慧，使我们的精神日渐丰富和充盈起来。

那么如何反思呢？很多人认为反思只不过是一种比较以前和现在

进而达到推理的目的。其实，这样就大错特错了，因为这不是反思而是比较，这样不但不能够使自己得到正确的答案，反而会使自己走向另一个极端，是一件很可怕的事情，切忌如此反思。

这里不是反对比较，而是反对硬性的、僵硬的比对。任何事情都是要用比较来达到辨析的目的的，比较是一种思想方法，但不是什么事情都要就事论事的比较。比较的最佳方式应当是采取科学的系统的论证中得到的事物的实质的比较，并不是形式上的比较，因为世界上的任何事物都不可能是一致的，所以合理的比较是有益的，极致的武断的比对是有害的。

正确的反思应当使用一种理智的思维，在经验和经历的基础上找到一种理性思维方式，这种思维方式的着眼点应当是如何去积极应对未来，而不是如何去临时抱佛脚的急功近利。只有这样，才能使自己得到升华，才能使自己的反思达到我们期望的目标。

人生是由许多的经历和经验组成的，还有的人往往不愿意回顾自己走过的一些不愉快的历程，只愿意在人面前去探究自己的精彩部分，也有的人只用自己痛苦的经历去和自己经历的时间作对比，得出自己认为的结论来。

其实，无论是人生的经历还是经验，都需要我们去仔细地探究，而不是作为自己炫耀的筹码和比对自己可能的不快的参照物。我们所要的是通过理智的反思自己经历中的得与失，在自己的意识里找到一个支点，这才是我们需要及需要做的。

曾子"一日三省"，现实中，几乎没有人能做到，但是，三日或五日一省却可以做到，甚至三月、一年一省，一年一思，都可以。人生在世，有时会一意孤行，有时会失意迷茫，有时会辨不清方向，当身不由己时，我们进行一次深刻的反思，会使自己的内心有一个质的飞越。法国牧师纳德·兰塞姆说："假如时光可以倒流，世界上将有一半的人可以成为伟人。"绝大部多数人虽不想成为伟人，但也不甘于平淡，只要力尽所能，时常在生活中、工作中反思自己、反思生活，大概就能够在人生的道路上走出每一步的精彩。

回到读书的旧习惯

很多中年人在年轻时代可能都是书籍的爱好者，不论诗歌、小说还是各种读物都曾经是你的枕边物，但现在，几乎绝大多数中年人已经不去读书了。"万般皆下品，唯有读书高"的年代虽然可能已经过去了，但是读书的习惯永远不会过时。书籍对于丰富精神生活，提升人生境界好处很多。

43岁的钟先生没有读过大学，曾经营一家餐馆，后来经营一家颇具规模的酒吧，并且开了很多分店。可以说人生已经很成功，但他总觉精神空虚。他有很多藏书，以前只是因为没有读过大学，用来在家中和办公室装饰和炫耀的。但有一天，百无聊赖之时，随手翻开了一本小说，主人公的命运深深吸引了他，接下来的一个月，他一有空就去翻读，直至读完。从此，便一发不可收，他一本一本地读，尽管每天不会花太多时间，但3年下来也读了近200本书。各种类型的都有，小说、宗教、励志、心理、艺术，等等。钟先生觉得自己惯常的空虚消失了，在以往空虚的时间，他可以想起书里的人的命运，各种思想引发他对于人生的思考，等等。

不但如此，钟先生还把自己读书的一些思考记下来，他计划积累到一定数量，自己也去出一本书，题目就叫《老钟读书》。这让钟先生觉得自己开始步入了文化人的行列，精神的境界也有了提升。

其实，很多中年人并不是不知道读书的好处，但往往认为这个年轻时的旧习惯，现在已经没有时间来做了，理由就是压力大，工作太忙。这其实就是一个懒惰的借口。

如果你每天读 15 分钟，你就有可能在一个月之内读完一本书。一年你就至少读过 12 本书了，10 年之后，你会读过总共 120 本书！想想看，每天只需要抽出 15 分钟时间，你就可以轻易地读完 120 本书，它可以帮助你在生活的各方面变得更加富有。如果你每天花双倍的时间，也就是半个小时的话，一年就能读 25 本书——10 年就是 250 本！

因此，时间不是问题，问题是我们内心深处的改变。不妨每天挤点时间读书。

3.2　古典不是一种落后

"古典"一词在字面上总会给人一种古老、陈旧，甚至落后的感觉，如果从时间上讲，古典的确是古老、陈旧，但无论如何它不是落后的。

文化地理学意义上的古典含义是表现的一种文化概念。它可以是人类过去的一种意识形态，可以是过去比较典型的物质构造形态，还可以是物质与精神相融合的经典杰作。古典应该理解为是代表过去文化特色的一种正统和典范。例如古典建筑、古典哲学、古典艺术、古典文学、古典音乐、古典风格，等等。

有人认为现代社会是一个追求时尚的社会，如果追求古典则会与时代背离。

这是一个误解，虽然古典与时尚是两个完全不同的概念，但它们并不相互对立。追求古典与追求时尚并不背离，而且在有的时候，古典也会成为一种时尚，如我们去剧院听歌剧，一直是一种时尚。

　　还有人以为古典艺术很古板，这也是一种误解。古典艺术的精神主要是重视感官，对事物的外表采取欣然享受的态度。悦目、悦耳的东西可能是低级的，甚至是危险的，也可能是高尚的有益身心的。关键在于维持一个人的平衡，既不让肉压倒灵沦于兽性，也不让灵压倒肉老是趋于出神入定，甚至视肉体为赘疣。

　　希腊艺术所追求而实现的是健全的感官享受。整个希腊精神所包含的是乐观主义，所爱好的是健康、自然、活泼、安闲、恬静、清明、典雅、中庸、条理、秩序，也包括孔子所谓乐而不淫，哀而不怨的一切属性。中国古典文学、艺术等则将着重点放在人格的完善与生命境界的提升上，所有哲学与哲学指导之下的艺术实践及其理论总结，都直接指向生命存在，都是为了使作为主体的人更好地体验这活生生的生命，并通过体验从整体上把握这生命。生命存在是人唯一也是最终的目的，对知识的追求仅仅是一种手段。中国古典文艺集中体现了这一点，体验也即整体性的生命体验是其内在精神。

　　真正的古典精神是富有朝气的、快乐的、天真的、活生生的，像行云流水一般自由自在，像清冽的空气一般新鲜。

　　了解了古典的内在含义，我们不难看出，人到中年的人生境界更与古典的精神相似，是精神的内在平衡。因此，在生活中，我们多多接触古典文艺，对我们丰富精神生活是大有裨益的。

Part 7

事业规划：人到四十需对事业重新定位

在整个职业生涯的过程中，人们会经历许多变化。初期的挑战在于如何获得职场上的成功：证明自己的能力、验证自己比别人出色、了解自己的专长。到了职业生涯的后半段，就需要超越这些早期的目标。

在职业生涯的中期，人们尤其应该进行自我总结，并且静下心来问一问自己：在我的生命中，什么是我真正需要又能让自己开心的？现在，什么对我来说最重要？即使是那些满足当下工作的人也常会想得到更多。他们的外部生活环境改变了，自身的价值观也发生了变化，却常常无法在自己的职业上做出改变。比如，我们过去认为重要的事（比如赚更多的钱）现在已不再那么重要。可是，由于原有的观念并没有得到校正，人们往往无法意识到这一点。

很多年过四十的中年人，恰恰处于职业生涯的中段，这意味着应该以新的方式运用其拥有的知识，尽其所能向自己而非向他人证明，自己有足够的能力去做一些与以前不同的事情。这意味着直面这些挑战，经受住考验，获取经验教训并不断前进。如果人们不能成功地从一个阶段迈入下一个阶段，或带着前一个阶段遗留的问题进入下一阶段，就难免会陷入困境。

1. 成功永无止境

孔夫子对四十岁给出的解释是：四十不惑，而中国民间的说法更耐人寻味：人到四十，日过午。这些似乎都在告诫我们人生从此注定，不应再在事业上渴求什么。然而，这句话始终不是太积极，相比之下"人生四十岁才开始"的说法更能给人力量、给人希望。年过四十的中年朋友应该相信：生命不息、奋斗不止，成功永无止境！

1.1　原地踏步即是失败

中年的事业可谓是人生中一道最亮丽的风景。因为许多人都是在中年才事业有成，因而中年可谓是人生的收获季节。

但中年人在收获的同时，往往也会出现原地踏步无法前进的状况。有些人是由于前半生的不懈奋斗已感疲累，无力进取。有些人是认为自己已经到了事业巅峰，再攀登已很困难，或者已经满足。还有一些人事业的理想还没有完全实现，认为自己已经过了黄金年龄段，再也没有机会去实现了，从而开始气馁。

选择原地踏步的中年人总有种种理由，但不要忘记"学如逆水行舟，不进则退"，这句话也适用于事业，当你选择原地踏步，保守其成，不能在中年阶段重新开辟新天地，那么失败将如影随形。

我们须知有志不在年高，成功没有时间表。不论年龄几何，不论是否已经成功，都不能选择原地踏步。

中国企业家柳传志的传奇故事对许多有志青年而言，是一种激励。

他四十岁创业成功的传奇让每一个创业青年都满怀一种期待：只要足够地努力，总有一天梦想将变成现实，年龄不是问题！

同样，当蒙牛第一次映入人们眼前的时候，又有谁能够想象到他的创始人已经年过四十了呢？牛根生从伊利副总的位置上闲置后出走，先去了人才市场。对方问他多少岁，他直言"已四十，可以做做管理工作。""在我们企业，你属于安排下岗的人员。"对方答。后来他创办蒙牛，掀起了中国乳业的滔天巨浪。

类似的中年成功勇攀高峰的故事经常在我们身边发生，只是我们不曾用心去发现。有时候我们只是看到他们成功后的光环却忽视了他们筚路蓝缕的长跑旅程。

52 岁的英国男子艾伦·布莱汉姆在英国剑桥市的市中心扫了 30 年大街后成功荣获剑桥大学荣誉硕士。布莱汉姆 20 岁的时候打算在学术氛围浓厚的剑桥市受训成为一名教师，最终没能成功。于是，布莱汉姆找到一份清洁工的工作暂时定居下来，没想到这样一扫就是 30 年。这个工作让布莱汉姆有机会以独特的视角去体察每条大街，他还利用业余时间研究剑桥的历史，成为一名合格的剑桥导游。正是对本职工作和剑桥的热爱，剑桥大学决定授予 52 岁的布莱汉姆荣誉文学硕士学位。

中年人如何在人生的这一阶段再创高峰，除了上例中的常年的努力和进取外，心态最为重要。因为人到中年并不缺乏成功的经验，也并不缺乏各种机遇和能力，最重要就是调整自己的心态，以饱满的热情和斗志进入下一阶段的事业之旅。

敢于求变

人到中年，可以为这个世界增添许多的精彩，只要你愿意。

人到中年，可能每个人都怕输，敢变又肯变的人太少。因此做一个敢于求变的人就显得尤为重要。只有自己彻底改变，才能求得事业的质变，才可以让自己的人生更精彩。

求变要先从自己内心做起。我们常常会在意一些不相干的人的意见，却往往让自己的人生变得支离破碎、无所适从。为什么不听听自己的意见呢？为什么不听听自己内心的想法呢？

人生路都是自己走出来的，人生之旅是一段自我创造的历程，因此首先要肯定自己、相信自己的创意与计划，让自己可以打从心里觉得欢喜。然后要靠我们的智能与毅力来主导。我们希望自己站在什么样的位置上，未来要走向何方，其实，有相当惊人的比例是取决于我们的意志。境遇无法决定一切，改变的主动权就在我们的手上。

求变的第二步，应该是只要有机会，就去做自己喜欢的事；只有做自己喜欢做的事，你才可能有热情、有动力。你不妨扪心自问，现在所做的一切是真心想要做的吗？假如不是，你就必须改变心态或是改变目前的工作。很多人都害怕变化，"变"代表的是一种不安定、不妥协。在这个混乱的世界里，要如何找到自己的精彩，正考验着每一个人的智能。

勇于尝试，敢于改变，就能拥有创新的自我。改变，不一定会成功，但是，不改变，注定与成功无缘。

态度决定胜负

心若改变，态度就会改变；态度改变，习惯就会改变；习惯改变，人生就会改变。

要培养良好的态度，首先必须先找出人生"目标"与"热情"，没有"目标"与"热情"，很容易就会迷失方向，深陷于挫折的痛苦之中。

目标确定后，就要以热情来克服各种困难，"坚持"的态度就是通往成功最美的道路，有目标、热情之外，还要能够持续，只有保持热情，才能成就一番事业。

态度，不仅仅决定专业人员的事业高度，也会决定白领工作者的工作价值，专业知识可以通过努力而有所成，但态度才是致胜的关键。所有的成就都来自追求完美的做事态度。

生命的动能是通过燃烧自己而释放出来的能量，当内心燃烧着热情，能量就会不断地涌现出来。年龄不是借口，一个人如果失去了热情，就会失去活力。

态度，是决定能否成功的关键。当你放弃用正面的"态度"去面对人生的那一刻起，你就已经注定输了。

同样是面对低迷的困境，不同的态度就反映了不同的人生剧情。在低迷中，能创造自我价值者才能突出，而创造价值的因子，就是他们对工作的态度，这是一种坚持要做到最好的执着。

有很多的成功者，并不是靠着特殊才能而成功，而是凭借正确良好的态度达到目前的地位。

相信自己可以再攀高峰

只要我们善于发展自己的潜力，每一个人都有机会、有能力，可以得到人生中的第二座高峰。

世上真有幸运之神，常常帮助人达成理想吗？我们说有，但这幸运之神不是一有形的实体，他是一个人坚定的理想。一个人只有拥有坚定的理想，幸运之神才会眷顾你。

人到中年，就好像一部机器需要加油时，这油就是重新调整自己和树立下一步的事业理想。当机器缺油时要立刻为它加油，用坏了再修，只会花更多的时间、精力和金钱。如果听其自然，完全不加理会，那么，机器就只会变成一堆废铜烂铁，一无用处了。

想想你自己，你曾为机器加油吗？你曾为机器维修吗？你曾为自己去求取改进吗？当一个人相信自己，相信自己可以再攀人生高峰，并努力为之奋斗，生命总是会有回报的。

因为相信，所以得到。

"我有一个梦想"，当马丁·路德·金向他的同胞们说出这个梦想的时候，他万万没有想到这竟成了全世界人们的梦想，他也无法预知这个梦想将在哪天实现，但他坚信梦想总会有实现的一天，而事实也正是如此。每一个人都有一个梦想，或许是少年得志，或许是大器晚成，我们无法预估梦想实现的那一天，因为成功没有时间表，但是不可否认的是，总有一天它会实现，因为追求梦想的过程本身就是心灵与成功的对话之旅！

1.2　享受不断进取的愉悦感

有一句话说得好："人生最好的投资就是投资自己；这一生最值得栽培的人就是自己。"

可以这么理解这句话，如果把每一个为事业奋斗的中年人比喻成千里马，那根要让自己跑得快一点的鞭子，百分之九十九是握在自己手中的，而方向，也是由自己操纵的。因此，事业奋斗本身并不是为了获得金钱、名声，而是体验不断进取的愉悦感。

因而，仅仅知道如何达到成功，必须经历哪些过程，仍然不能得成功的奖赏。要得到成功的奖赏，就要永远都向前走一步，不断进取，其实，这并不难。

虽然年过四十，很多人仍不惧怕新的挑战，因为他们不会害怕失败。输赢的价值观已不再能束缚他们的自我了。终了他们会下一结论：个人的福祉多少与不断尝试冒险有关，成功也就是在于不断进取的过程。

如果我们把整个人生比喻成一株大树，每一天的努力，就像在一棵粗大的橡树干上所砍的每一刀，头几回根本看不出痕迹，每一刀本身的力量似乎不大，但是累积起来，这棵大树终究会倒下。这也就是说一个人只要坚持到底，不断进取，才会成功达到人生完美的终点。

这就好比雨滴总能把大地洗净，小小蚂蚁却终将能够吞掉老虎一般。我们要用砖，一次一块慢慢地盖一座自己的城堡，即使是微小的动作，只要持之以恒，必能有所成就。

我们要把失败、放弃、不可能、办不到、行不通、没希望以及撤退这些负面的字眼，在内心中除去。当我们听到别人反对的声音，就会让我们更接近成功；当我们看见别人皱眉，我们就准备对未来微笑。

我们再次回到千里马的比喻，我们要相信没有伯乐，我们一样能证明自己是千里马。只有不断进取，才不会埋没自己的天才。

韩愈的名篇《马说》中认为，有伯乐，才会有千里马，如果没有伯乐，本来资质很好的千里马，也可能沦为每天做苦工、在马厩里头吃劣草、病死了也没人知道的一匹普通的马。所以，大家都相信，一定要有伯乐出现，看出自己的潜能，并且尽力栽培，自己的天赋才能够发扬光大。

于是，有很多人自认为是怀才不遇的千里马，一直埋怨时运不济，为什么伯乐都没有出现，害得自己埋没了天才。

倘若，你认为自己是千里马，那么，你为什么不能成为自己的伯乐？

千里马和伯乐的关系，本来暗喻的是臣子与君主的关系，也可以说，就是老板和员工的关系。人跟马也大不相同，马无法自己找到主人，而多数的成功者，却都能以一种天生敏感的嗅觉，自己走出一条大路来。

仔细检视起来，每位伯乐所扮演的都不是"一路扶持、始终相依"的角色，多半只是一个使他走向某一条路的启蒙者、一位曾经鼓励过他的恩师、一个精神支柱，甚至是一个曾经打击过他、说过重话的人。他或许曾陪伴成功的人走过一段路，但最后，终须放手。

重要的是，障碍还是要自己跨越。

成功的人，其实都是自己的伯乐，只是，不敢完全归功于自己。

千里马一样要不断练习，才能日行千里，而这奔驰的能量，是来自于心中源源不绝的热情。

奖赏总是藏在终点，并非在起点。只要，你激活内心奔驰的能量，不去计较成败得失，不断进取，最后的奖赏，终究会属于你的，那就是不断进取本身的乐趣。

2. 当事业遭遇瓶颈

进入中年难免会出现事业危机，到达一种进退两难的境地。这是在很多中年人那里极易出现的问题，这个时候需要我们针对自身的具体情况去具体应对，可以冷对，也可以笑对，适当时候还可以学会向后转。总之，万法归一，存于一心。

2.1 要冷对也要笑对

冷对

所谓冷对，指的是冷静对待，不可急躁焦虑，积极寻找突破口。

对于中年人而言，很多人都会存在以下几方面的困惑。首先，曾经的知识储备已经不足以应对快速发展的社会，现有知识结构明显落后。其次，在体力和精力上和年轻人相比不具备优势，学习力和创新力都相应减弱。第三，上升的通道越来越窄，毕竟金字塔式的职场晋升途径一定会在中途淘汰一大批人。因此，人到中年遇到职场困惑是很正常的一件事。但如何安排好工作的最后阶段是每个人都无法回避的问题。

当然，不必太恐慌。尽管目前的大环境对中年人愈来愈不利，但企业对中年员工的"实务经验""敬业态度""专业技术""人脉资源"和"公司忠诚度"等方面仍是肯定有加。不过，不仅限于中年人，对更多的职场人而言，清晰地把握好职场发展过程中的几个阶段尤为重要。一般而言，我们称职场第一阶段为做事阶段，刚刚参加工作的几年里，最关键的就是要努力积累经验，提高业务能力，为以后的职业发展打好扎实的根基；第二阶段则为做人阶段，进入职场成熟期后，关键的发展因素由业务能力转入人脉关系；第三阶段为战略阶段，发挥专业优势，对于企业发展过程中出现的各种问题能够从宏观战略上给予帮助，当然，能够进入这一层次的人也便是金字塔顶层的精英层。

进入中年后，调整好心态，正视中年阶段遇到的职场问题，从而努力延伸个人的职场生命才是最重要的。一方面，尽可能地发挥自己的专业特长，力求在某一领域成为专业顾问，比如很多人成为培训教练，大学客座教授；另一方面还可以利用自己长期积累的人脉资源以及一些渠道，为自己开辟新的路径，比如很多人就利用职场生涯中积累的资源选择中年创业。当然，最重要的是摆正心态，不要拿自己的弱项和年轻人去比，同时更要努力发挥自己的专长，毕竟到了中年阶段，大多数人已经为自己积累了相当的财富，生存问题已经不是着重考虑的问题，丰富自己的爱好，努力将爱好付诸实践，这不仅有利于调整心态，也可以为将来的退休生活做好准备。

笑对

尽管保持着创业的激情，尽管有着行业的认可，对一个四十岁的中年人而言，依然会遇到失败的可能，或者自己的努力没有和自己收入成正比，这时就要笑对。笑对是一种坦然的心态，即把失败和成功看作一件必然的事情，有成功就会有失败，不必太认真，同时为下一次的成功努力。

"17年里一直做外汇，在外汇圈里是不多见的；还有就是业绩一直比较好，在行情分析上，判断还算准确。"说到自己的专业，四十岁的胡先生很自信，"如果排名，外汇领域排到前三绝对没问题"。

和其他金融领域同行的收入相比，胡先生有些无奈地说："虽然大家做的都是金融业，但因为政策限制，国内外汇市场一直处于半公开半地下状态。赚钱的大多都是帮助个人通过地下炒汇赚取佣金，而我一直不愿参与其中。在现有市场环境下，保证金交易被叫停后，做实盘交易收益也不是很大。"

如果就收入而言，胡先生觉得反倒在刚入行时，外汇从业收入是最高的，那时候的外汇经纪人佣金丝毫不低于近两年证券、债券等金融领域的收入。自1994年之后，国家开始实行外汇管制，外汇从业人的日子便一直不好过。

"起初和我一起入行的很多同事都转行了，有转做股票的、债券的，还有做期货的。前段，一位做债券的朋友聊天，说他们底下一个小伙子，去年一年税前收入是200万。这还是他们部门收入最低的。"胡先生笑称，"连妻子都说我是社会效益与经济效益严重失衡的一类。"

说到自己周边那些年收入百万甚至千万上亿的朋友们，胡先生也显得很平和，就像在讲述一些八卦一般，于己于彼都没有任何关联，仅当娱乐。摆在自己面前的现实是：四十岁，依然在事业的开创奋斗阶段；作为儿子、丈夫、父亲的角色，需要为家人承担更多的责任。

"前两个月，我刚给母亲装修好房子，老人年纪大了，辛苦了一辈子，我希望她的晚年住得好一些。"说话间，胡先生陷入沉思。

"当然还有女儿，最近我在家里的日子，我能感受到她有点不开心，她觉得爸爸应该在外边忙碌。还有一直支持我的妻子，情绪有时也会波动。我们身边的有钱人太多了，很多人都买了别墅，宝马、奔驰就更为常见，有时不免会受到这种环境的影响。"

很多朋友认为胡先生太执着，在当下环境下，不如早点转行，虽然可能没有在外汇圈的地位高，但在着下这个物质社会中，实惠是最重要的。

"回顾自己 17 年的外汇从业经历，从交易员、培训师到分析师，尽管不断学习钻研，成了行业里的专家，可看看这些年的创业经历，总会让人感觉有点生不逢时。"胡先生自嘲，"要不是有个好心态，早撑不下去了"。

尽管如此，胡先生认为自己依然幸运。

"因为政策限制，外汇市场一直没有放开，使得很多人在这个圈子都做不长。有些人因为跨过政策防线，做几年下来就出事了；有些人因为做交易亏损太多，也被这个圈子自然地淘汰除名了。也正因为外汇在国内的特殊性，很多精英没有进入到这一领域，也使得我能够有机会站到前台，能做到今天这个程度，我还是幸运的。未来的外汇市场，肯定是不断开放。对于我而言，进入 40 岁这个阶段，必须还要明确自己的终极目标。尽管社会中不乏靠运气成功的人，但大多数人都是要不断地修正和准备的！"

对未来，胡先生依然充满自信。

胡先生的这种自信与幸运的心态，就是真正笑对自己的事业和人生。

2.2 慎用血气之勇——学会向后转

"现在最怕参加同学会。想到同窗好友大多飞黄腾达，自己还一无是处，真是去也不是、不去也不是。年轻的时候同学聚会，即使混得不好的人也不十分尴尬，毕竟还年轻，还有机会，但现在基本都定型了，再不愿去丢人。"一位四十多岁的中年人无奈地说。

同学会，是最容易暴露中年人尴尬的地方，中国人的危机感往往来自于与身边人的比较。因为社会缺乏对弱者的宽容，个人也没有信仰可以进行心灵自救，在等级社会中低人一等就会感觉恐惧不安。其实，中年未必是事业的终点，而且，对成功标准的衡量也不应只有金钱。但在中国，有些职业似乎只能是年轻人的天下，如果一个四十岁的人还在从事志愿活动而没有拥有大量财富，则被认为是不务正业。

"我们处在一个'被'时代，每个人都身不由己，似乎丧失了选择的能力，被社会浮躁的氛围和威权力量所左右"，社会学者周孝正说。经济改革以来，物质财富极大丰富，但民主法制、道德信仰方面却极度缺失，公民社会远未形成，每个人仍局限在家庭和身边的利益小圈子里。由于公共空间被挤压，我们身处的依然是等级分明的丛林社会，只不过从以前的权力等级演变为如今的财富等级。当作为社会中坚力量的中年人被推到财富赛车道上，唯一的价值取向就是跑到前面，生怕落后的危机感油然而生。

正因为在这样的环境中，很多中年人往往把自己的发条上到了最紧，大有不撞成功之墙心不死的境界。这就是血气之勇。人比人，气死人。何必要去比呢？适当时候可以向后转，重新审视一下自己走过的路，重新调整对自己的定位。

对自己的期望低一些

成功是一个没有标准的境界，永远没有止境，永远有人比你更有成就。所以，想要困惑和焦虑少一些，不妨平和一些，对自己的期望低一些。只要做成自己想做的事、达到自己想达到的状态，就可以认为是一种成功。未来谁也无法预测，自己未来可能有的机会和挫折更是无法预测。做好心理和大方向上的准备、做好当下，其他的皆可以留待时间和未来去解决。

做更有价值的事情

是不是一定要取得多大的成功，取得多少财富和地位，你的事业才有价值？答案是否定的。事业有多种，事业的价值也体现不同。在有些时候，我们不妨回头去做自己认为更有价值的事情。

42 岁卢先生是位装裱师，是某装裱工作室的首席师傅，是业界的佼佼者，待遇优厚。他最近感觉自己的事业无法再取得更大的进展，自己仅仅是为了每月稳定的高收入而工作，于是他想求变。又加之每每想到自己已是四十好几的人了，光靠自己还能挽救多少经典名作，就毅然淡出工作了二十年的工作室，而与跟随自己十多年的徒弟开了新店，除了做装裱活之外，也做一些培训工作。

卢先生坦言道，揭裱古旧字画时，装裱师是以每一平方厘米为单位去修复的，虽说修复古旧字画在用材上没有什么高成本，但都是靠装裱师自身的高超手艺、多年经验和超人的耐心完成的。既然"以每一平方厘米为单位计算修复价格"，似乎赚钱也很多，可是为何没法发扬传统装裱手艺呢？现在的学徒可能第一句话会说"我学了这个以后能赚多少钱？"现在社会的现实压力导致没人静心学习。

卢先生回忆起自己的学徒经历，十几岁的他在前 3 个月啥也不能动，就只能站在旁边看，3 个月过后才开始做擦案头、扫地的杂役，半年后才可以冲调糨糊、托纸、染色等准备工作，后来才跟着师傅学习如何装裱。

装裱是"学海无涯"的行当，有时候需要修复文物，就要求装裱师在修复前充分了解所修书画的质地、年代及各种相关历史、地理等信息，从而定出修复的大体程度。很多人做了十年由于工艺水平不高超，赚不到大钱可谋生，可等到上了岁数，眼力差体力不够，面对要求精细工艺的装裱都面临很大的挑战。但是作为传统手工艺人，时刻都要坚守职业道德的，这对现代学徒也是很难做到的，比如"绝不能向认识的书画家索要作品。"卢先生始终牢记自己的师傅的谆谆教导。

卢先生致力于宣传装裱传统工艺已经两年了，可是社会不认可，同行也敌视。但一想到曾经自己立志装裱行业，上要对得起祖宗遗产，下要对得起子孙后代，他说："我曾在装裱字画中收获了二十多年，现在衣食无忧了该是回馈这个行业的时候了，在有生之年，我会更加倍努力做宣传，也许以后会出书或者在电视台讲课"。

卢先生感叹道，个人已度过不惑之年，虽然今后衣食无忧，但对祖国传统手工装裱艺术的宣扬和传承的这份责任却时常压在心中，现在又参与北京四合院的重建和保护，对中国传统的那份热爱是无法割舍的，希望这种"大爱"能够再次成就书画装裱界往日的辉煌。

让自己不时地"幼稚"一下

中年人处在"夹心层"的尴尬位置，忙忙碌碌地追逐名利也是迫不得已，不知不觉间失去了很多美好的东西。有时他们会羡慕年轻人充满幻想、享受激情，会羡慕老年人安逸闲适、简单快乐，其实，中年人往往是自己把自己束缚住了，只知低头赶路，而不去辨清未来的方向，也不懂欣赏身边的风景。

抽出时间与爱人来一次探险旅游，花点精力捡回已遗失很久的爱好，让自己像个孩子一样放纵身心。时间和情感对于中年人来说是奢侈品，那不妨更充分的挖掘这件奢侈品的价值。如此感悟生活的真谛，反倒能够找到事业的激情，突破眼前临时的困境。

3. 如何经营愉快的人际关系

在工作中，中年人既要与同事、下属和领导一起合作才能做好工作，而个人的成就动机又激发他尽可能地干得比别人好，以便赢得升迁或加薪的机会。因此，与同事和领导的关系是一种竞争与合作的关系。而如果处于领导职位，又要做好与下属之间的关系。可以说，进入中年，正是人际关系最为复杂的时期。而糟糕的人际关系，可能会是你走向成功的绊脚石。如何处理好这些人际关系，做到愉快、和谐，对于开展工作，取得事业成功至关重要。

3.1　下属开始背地里骂我

作为一个领导，这是很多人的困惑：为什么下属当我的面的时候好好好是是是，背后却又是一套？还有的人还在背后骂我，我该怎么办？很多领导可能都有这样的经历，都非常清楚很多下属在背地里骂自己，挨骂肯定是不舒服的，但又不能进行报复，这样会影响工作。那么，如何才能建立一个良好的、愉快的上下级关系呢？

对事对人要公正

要做到对别人公正，首要的前提就是我们自己要正。莎士比亚说："如果要别人诚信，首先自己要诚信。"假如一个领导无法使人信服的话，又怎么能公正地去处理事务呢？因此，首先就该严格要求自己，只有站得正才能立得直。任何时候都不能为一些个人利益或者小团体利益所诱惑，先做一个让下属敬佩的领导，才能合理地去处理事情。

一个公司的领导，应该是所有下属矛盾的最后仲裁者。但是作为一个仲裁者，在处理矛盾的时候不能有一丝一毫的偏袒。冷静公允、不偏不倚、一碗水端平是一个领导处理下级矛盾最起码的原则，但同时也不能失去了衡量是非的标准，而这个标准就是公司的最高利益，所以，在处理的时候一定要公平，晓以大义。

也有一些下属会依仗自己与领导的私人交往或者特殊关系来影响我们，让我们做出有利于他们的裁决。在这样的情况下，作为一个领导就要更加地冷静，绝不能因为一方的关系而处理不当，让自己威信扫地。如果有人到处炫耀他与自己的特殊关系，也要在公开场合予以批评，或者用恰当的方法向别人澄清，消除不必要的不良影响。

对有分歧的观点，作为领导我们一定要保持超然的态度，不能拉帮结派，掺杂自己的感情色彩去对另一方进行打击。长期这样下去，不仅自己再也得不到别人的信服，相反的，对于自己所做的决定说不定别人也会来攻击我们。这个时候，在下属的眼里我们就不再是一个公正的领导，也不再是正义的代表，只有始终游离于各派之外，保持着超然的态度，才能使公司上下所有的人更加团结。

此外，我们在处理问题的时候难免会遇到不同的观点，比如下属之间的观点不同，而作为一个领导也会有自己不同的看法。在这种时候，表明了自己的态度之后，对下属的观点绝对不能贬低，一定要肯定他们勇于思索的精神，造成一种人人都能畅所欲言的气氛，避免不同意见的人之间发生摩擦。

让批评的语言动听些

赞美就像阳光，批评如同甘露，这两者是我们在进行人际沟通与合作时不可缺少的东西。所谓"金无足赤，人无完人"，每个人都会有缺点和错误，而善意的批评就是促使自己和对方进步的最好方式。

但是在批评下属时，我们一定要注意技巧：首先，态度一定要诚恳，并且客观公正；其次，在批评的时候要以理服人。最后，批评也要适可而止。

批评的方法也有很多，但总的来说无非就是用最巧妙而又含蓄委婉的语言来点出问题，解决问题。一个四十岁的人在面对问题和错误时，应该让自己更加理性地去思考，去发现问题的根源，而不是一味暴躁地批评。因此，让批评的语言生动一些，让批评的语言智慧一些，这样既解决了问题，彼此也都会身心愉快。

恩威并施

"恩威并施"是优秀的领导者必备的能力之一，这对于激发员工对事业的忠诚，上下同心完成各种目标是非常有利的。这不仅需要让员工感受到无微不至的关爱，还要拥有并学会使用权威，也就是学会恩威并施，恩惠和惩罚这两手政策并行使用。对于下属不对的地方，固然应当责备；对其表现优越的地方，更要给予适当的奖励，只有这样，下属的内心才能得到平衡，企业才能得到长足的发展。

一个管理者要懂得"恩威并施"，就要学会"变脸"。该唱黑脸的时候唱黑脸，该唱白脸的时候唱白脸，黑脸白脸轮流唱。作为一个管理者或者领导者，如果要让自己的下属心悦诚服，就一定要恩威并施。此外，作为一个领导者，千万不能忽视那些看起来并不起眼的部属和员工。所谓"水能载舟，亦能覆舟"，平时多多进行感情投资，关键时刻必能收到回报，这是每一个管理者都应该学习的情商智慧。

善意接受属下的忠告

作为领导，或多或少不自觉地就会有一些权势的膨胀欲，对于下属的一些忠告往往就听不进耳朵里。久而久之，下属的一些意见就无法送上来，我们的工作之帆就会失去明确的方向，将事业搁浅在岸边了。

古语说："人非圣贤，孰能无过？"我们每个人的性格，或在待人处事方面，总难免有一时疏忽或是不曾发觉的死角。如果有人提醒我们的缺点，我们就应该衷心感激，积极吸取。所谓朋友之道，贵在劝导与忠告。

一个人的智慧是有限的，我们只有不断地从别人的见解中吸取合理、有益的成分，来弥补自己的不足，才能减少失误，从而取得更好的成绩，所以，善于倾听别人的意见是每一个有志者必须具备的品格。

在听取别人的意见时，就算自己不能立刻赞成，也要表示可以考虑，而不能马上就向对方提出反驳。如果太固执，就很容易把一切有趣的事情变成乏味的了。如果真的是对方犯了错，又一时不肯接受指正、批评或劝告，我们就应该往后退一步，不要再急于提出来，适当地把时间延长一些再说；否则，如果双方都很固执己见，这样不仅解决不了问题，还可能会造成僵局，伤害到双方的感情。

另外，别人向我们提出意见的时候，自己也应该谦虚一些，不能太过于高傲，一定要随时听取多方面的意见。只有这样，才能够明辨是非，正确地认识事物；如果单听信一方面的话，就难免会犯片面性的错误。我们每个人受自身知识、经历、观念、涵养等因素的局限，总会在见解上有所欠缺；如果把多种意见集中起来，进行综合、比较、鉴别，从而去伪存真，舍其谬误，取其真诠，才能更公正合理。

如果别人的意见和看法和我们一样的话，就要立刻表示赞同，不要迟疑。不要认为这样做是为了讨好对方，也不要认为这是随声附和，因此就不吱声了。假如不吱声，反而使人觉得你与对方的意见相反，或者是没有主见了。一个谦虚上进，追求完美的人一定是个能够接受任何善意建议的人。

所以，对于别人的忠告，我们应认真地反省，而不是耿耿于怀。只有敞开胸怀接受批评，彻底反省、思过、改进、接受忠告并善加活用，让他人的忠告成为自我成长的原动力，这才是一个中年人应持的正确的处世态度。

做一个让下属敬佩的人

只有一个让下属敬佩的人，才能很好地去团结下属，去开展工作。那么，我们怎样做才算是一个让下属敬佩的人呢？

首先，下属的名字一定要记得，这是最基本的。对一个下属来讲，领导能够记住自己的名字，那对他的自信心也是一个很大的激励，也会提高他的工作热情。

不要伤害下属的自尊心。每个人都是有自尊心的，我们对待自己的下属，就算他们出现了错误的话，也要注意避免伤害对方的自尊心。批评的时候一定要注意时间、地点、环境和场合，不要让他们在众人面前丢人现眼。

多给自己的下属一些鼓励和赞扬。下属是需要赞扬的，一个会当领导的人总是尽可能地在公开场合表扬下属的行为和言论。鼓励他们争取更大的成绩，使他们意识到只要做出成绩，领导就会看见，并会给以嘉奖。只有这样，我们的下属才会更努力地工作。

要努力去了解下属的需要。如果我们真正想使下属为自己尽力尽忠的话，就必须及时地了解他们的生活情况，了解他们的实际需要，关心他们，帮助他们。

一个让下属敬佩的领导者，还要经常地和他们参加一些活动。作为领导，我们不要把自己与下属分开，不要以为自己高高在上，这样是不会受到下属爱戴的。所以，经常和下属一起举办一些集体活动，既能增进友谊，又能使自己身心获得快乐，还能缩短与下属的距离，与大伙融为一体。

在遇到责任和风险的时候，一定要和下属一起承担。作为一个领导，在遇到风险时同全体职员站在一起，和他们同风雨、共患难，只有这样才能受到他们的拥戴。

对下属要平易近人。工作职位有高低，但人是没有贵贱之分的，因此，不论我们是哪一级的领导，对待公司里不同职位上的职工都要一视同仁，不能以职位的不同而对人的态度就不一样。平易近人才能让我们树立领导的光辉形象。

做一个诚恳、正直和具有人情味的领导。领导要诚恳、正直，具有一定的人情味，这些在领导身上就不能只是口头上的，而应该是实际行动上的，或者是实际利益上的。比如，一位职员遇到不幸，领导就不能只是口头上表示同情，而应该在行动上，如捐献、安排善后事宜，或在政策上予以倾斜等等，这样才能得人心。

做事一定要讲究民主。一个领导面对的是全体职员，所以我们应该以全体职员的意见为准，讲究民主就是要想方设法去征求大家的意见，而不是把个别人的意见置于全体之上。一个领导代表的是全体职工的利益，而不是代表个别人的利益，因此，多听听大家的意见，才能领导好大家的事业。

由此可见，想做一个让下属敬佩的领导，就一定要站在他们的角度上，多从他们的利益出发来考虑问题，而不是老摆出一个领导的架子，对下属指手画脚。一个好的领导者是应该具有人情味的，但又不失威严。只有把握好对待下属的方法，才能真正成为一个让下属敬佩的人。

3.2 新来的领导也太年轻了

工作 10 多年来，管先生一直享受着作为一名业务骨干的愉悦，与世无争，认真工作，与上司、同事都保持平等而互相尊重的关系。直到有一天，进公司不到 4 年的年轻人小武当了他的顶头上司，管先生心里的平静被打乱了。

小武刚进公司时还跟过管先生一段时间学习业务，算是他的徒弟。管先生说，本来谁当上司他都无所谓，小武如何爬到现在的位置他也不在乎，但他觉得小武不尊重老同志，经常用命令的口吻说话，还经常瞎指挥，实在看不过去的时候，管先生还跟他拍过两次桌子。

有一次，管先生工作出了点小问题，小武完全不留情面，公开点名批评他。管先生觉得小武是借题发挥，只不过是想给他一个下马威，让他知道谁是领导，不要摆老资格。忍无可忍的管先生终于递交了辞职信。

对于很多入职多年、有丰富工作经验、却又没有晋升机会的人来说，有一个比好朋友当了上司更难处理的问题，那就是像上述例子的中的后来者居上。在这种情况下，心理调整期与适应期会长得多。

案例中的管先生，面对曾经当过自己徒弟的小武又当了自己的上司，即使小武依然像以前一样尊重自己，管先生自己的心理关也会较难度过。由于工作时间长和工作经验丰富，在管先生眼里，小武始终是经验不足的后辈，即使他自己无心与他有权力之争，他也会想：他凭什么坐上这个位置。这种想法会直接导致管先生从心底轻视小武。

此外，怎样与小武相处也变成了问题。以前管先生是小武的师傅，从某种意义上说就是他的上司，现在上下级关系正好相反，如何调整相处方式，对双方来说都是一种挑战。

如果小武的性情比较温和，依然尊重管先生，双方可能很快就能找到新的相处方式，但偏偏小武是个权力欲较重、需要下属绝对服从的人，他不会因为管先生曾经当过自己的师傅而妥协，相反的，他更需要在管先生面前树立自己的威信，以提醒管先生关系已经改变了。

这种情况下，管先生应该怎么办？

选择离开肯定是最简单的方法，但自己多年的努力可能就因为一个人而毁了，当然也可能因此有了新的机会。但是，在现实中，很多人都没有离开的条件，比如靠着这份工作养家糊口的人，遇到这种情况他们就不得不忍气吞声，从此失去了工作的热情。还有一种办法，面对现实，调整自己的思维方式和工作方式，适应新的领导方式。不要去想他为什么年纪轻轻就坐上了自己熬了多年都坐不上的位置，不要去想他的能力够不够，这些问题在员工的角度去想都是找不到答案的，也不是你能想得通的问题。

专家认为，与年轻上司关系处理不好的原因在于双方。俗话说："一个巴掌拍不响。"年轻的上司通常都比较自负，觉得自己很聪明、很有能力，因此经常表现得傲慢无礼，而老员工则自尊心强、懒于接受变化，加上担心不被尊重的敏感性都会使问题变得更趋严重。

与年轻上司相处中出现的问题主要是因为下属拒绝接受与以往习

惯不同的工作方式。

这种心理上的拒绝在无形之中成为了与上司沟通的一道障碍。年轻领导们常会带来新鲜的构思和想法，而且时常处于变化之中。我们拒绝接受变化的原因是我们不想从过去的安乐窝中挪出来，去面对陌生的环境，因此，我们并不是拒绝年轻上司本身，而是拒绝他所带来的新思路、新方法。

一些在公司待了很多年头的老员工通常习惯于按部就班的生活，并有一种"我无所不知"的心态，而当他们面对比自己年轻的领导时，他们就会认为这样的领导缺乏经验、想法幼稚、做事紧张。另有些人则会因为上司比自己年轻令自己丧失了提升的机会而心态不平衡。

相反，在领导方面，某些年轻上司会觉得老员工不思进取、思想陈旧，觉得他们不够活跃，更难于接受新技能的培训，因此，作为上司，他总是害怕自己在老员工那里树立不起威信，意见得不到呼应，命令得不到执行。

克服这一困难的关键在于从一开始就给你的上司以足够的尊重。最最重要的一点是让领导明白，你绝没有打算故意与他作对，更没有在背后下套的阴谋。

同时，年龄不该成为问题。如果你的上司工作能力突出，那么，不管他多年轻，你都该像和其他领导相处那样与他合作。简单的法则就是——忘记领导的年龄，只看他的实际能力，因为年龄不是衡量工作能力的标尺。

另外，还要理解上司的生活背景。很多情况下，产生分歧的原因并不仅是年龄差距，更多的则是因为不同的经历和背景所带来的思想上的差异，包括价值观、个人喜好和主次之分等。你应该尽量去理解上司的经历，他可能有海外留学或工作的背景，所以换个角度想问题，或许你会惊讶地发现其实上司并不难相处。

根据上文的分析，我们总结了下面是几条与年轻上司的相处守则，如果你遇到这种状况，不妨试一试。

（1）勇于接受变化。年龄不是衡量工作能力的标尺，工作年限也不一定和能力成正比。世界在变，因此我们也要变，那些当了领导的年轻后生们也可能会带来新鲜的创意和先进的工作方法。

（2）理解万岁，不要以偏概全。有些年轻领导也很睿智、稳健，善于领导和倾听，所以多和年轻人交朋友，这也会有助你更好地理解年轻上司的心理和想法。

（3）支持领导。你不必对他充满敌意，或故意同他作对，你可以通过实际工作让他明白你是他工作中一项很有价值的资源。在你预见到即将出现问题时，请及时给他提醒，但要注意措辞，别让他觉得你是在说风凉话。在工作中应给予他足够的支持，不仅是提出问题，更重要的是提供他解决问题的办法。

（4）随时进步。多学习新的工作技能，向老板和同事们显示你乐于接受新方法和新思想的决心；否则你可能会在科技进步的浪潮中落伍、被淘汰的。到那时，你将不得不接受从事低层次工作的现实。

3.3　应酬真疲惫

人到中年，多种日常应酬会让你应接不暇，常会听到很多中年朋友为应酬而叫苦连天。这其中有的是因为应酬确实太多，而更多的是因为很多人不善应酬，自己将自己搞得很累。

但应酬又是必不可少的，如何应对？努力去学习一些人与人之间交往的技巧是非常必要。圆熟的交往能力，可以让交往双方都很愉悦，利于工作开展，还可以有效缓解因应酬带来的疲惫。

下面介绍一些必备的技巧。

好口才，好人缘

现在这个社会，我们交际的圈子越来越大，面对的交际对象也是性格迥异，这就更加考验我们说话的技巧，所以，针对不同身份的人，话题也应该是不同的。既不能胡说八道、信口开河，还要选择与之身份和职业相近的话题，这就很需要技巧和经验了。

很多时候，我们往往总是沉浸在自己的谈兴里，而没有注意到别人的反应，因此在不知不觉中就可能对别人造成了伤害。见什么人说什么话，就要在与别人交谈的时候尽量使用别人认同的语言，并且谈论一些对方熟悉和关心的话题，一定要灵活机动，因人而异才行。

话是说给别人听的，自己说得好不好，不只是看你是否表达清楚了自己的意思，还要看别人能不能理解和接受；如果自己说的话别人压根就不想听，那还有什么意义呢？因此，在和别人打交道的时候，就要特别注意说话的方式，要时刻揣摩对方在想些什么。和不同的人交往也有不同的技巧，以下列举一二事例：

和比自己地位高的人谈话时，态度就一定要尊敬，对方讲话的时候自己要全神贯注地倾听，不能随便插话，同时，回答问题也要简洁适当，说话语气要自然一些，不能太过紧张，也不要做一个"应声虫"，如果意见不同，可以用恰当的语言提出来。

对于比自己地位低的人，说话的时候就要庄重一些。首先，你要让对方感觉到你对他说的话感兴趣，在说话的时候一定要庄重、和蔼，避免领导者高高在上的姿态，同时，也不要显得太亲密，可以称赞他工作上的出色表现，但话不要太多，也不要以自己优越的地位来阻止对方说话。

在和女性谈话的时候，一定要找一个她们感兴趣的话题，以对方为中心，采取一种能增加对方感情的语气和态度。女性需要倾诉，更需要一个很好的倾听者，假如她们有倾诉的欲望，就一定要积极地鼓励她们，让她们觉得和你谈话是快乐的。

和老年人说话的时候就一定要谦虚，他们不喜欢别人说自己年龄大了，因此在和他们谈话时不要直接涉及他们的年纪。老年人都是喜欢回忆的，可以多谈一些以前的事情，引起他们倾诉的欲望。

此外，在说话的时候还要考虑对方的文化背景，与对方保持一致。不同的职业不同的专业具有的信息和兴奋点也是不一样的，所以在说话的时候要抓住对方职业或专长的特地，然后诱发出话题，进而产生共鸣。

不管到了什么样的年龄，说话都是一门需要不断学习的艺术。因人而异的谈话方式不仅能表现出自己出色的素质修养，也能让对方在和你的谈话中感受到尊重与信任。所以，一个四十岁的人经历了太多的世事，对社会也大多有着比较全面而理性的认识，只要平时多注意自己的说话方式和内容，尽快在交谈的时候找到合适的切入点，引起对方的兴趣，就可以给对方留下很好的印象，相信我们也能迅速达到我们的谈话目的。

巧妙赞美，获得交往通行证

赞美，是用语言表达对人或事物优点的喜爱之意。赞美的意义在人际交往中可谓意义重大，赞美不仅能使被赞美的人自尊心、荣誉感得到满足，更能让对方感到愉悦和鼓舞，从而会对赞美者产生亲切感，相互间的交际氛围也会大大改善。

渴望，被赞美是人的共性，无论一个人做什么，都希望能够得到社会的承认。而别人的肯定和赞美，也会让他认识到自己的重要性。人际关系的顺畅是事业成功的重要因素，而得体的赞美又是处好交际的关键课程。只要懂得如何去赞美别人，再加上自己聪明的头脑和脚踏实地的精神，也就等于事业成功了一半。因此，学会赞美是事业成功的阶梯。

但是，过度的和露骨的赞美，却可能会达到完全相反的效果。那么，怎么样才能把握好赞美的尺度呢？

首先，只有真诚和发自内心的赞美，才能帮我们搞好人际关系。从一定意义上讲，赞美是一种感情投资，有付出当然就会有回报，无论是对于上级、下属还是合作伙伴，恰当的赞美在使双方心情愉快的同时，关系也会更加融洽。有一句话说"没有朋友的生活等于死亡"，而相互赞美也正是交友的前提之一，因为只有相互欣赏，才会成为很好的朋友。

其次，赞美也要有新意，不能太俗套。赞美的创新应该根据不同的场合，以及双方的性格和文化背景等因素来决定"新"的形式。在赞美的时候一定要找出恰当的新意，不要弄巧成拙、适得其反，所以，假如每天我们都让新鲜的赞美流淌在他人的生活中间的话，那么，彼此的关系也会更加容易相处，而那些老套和落伍的赞美，就起不到这么好的效果。

在赞美对方的时候，也要注意到对方最看重的地方。只有赞美别人最看重的东西，才能收到最好的效果。这就要求我们在赞美别人之前，先要弄清楚对方的兴趣、爱好和性格等状况，然后抓住对方最引以为豪的东西，将其放到突出的位置上来赞美，这样才能最大限度地满足对方的需要。

人到四十，随着生活历练的增加、人性的洞察，更应该以大度的心理去宽容别人、赞美别人，多欣赏别人的长处，为别人投以敬佩的目光，送以善良的微笑，致以真诚的赞美，这样一来，才能得到对方善意的对待和爱心的回报，在这个过程中，我们也能体验到与别人一起分享快乐和成功的喜悦之感。

幽默，人际沟通的助推器

人生在世，什么样的人都可能碰到，什么样的场合都可能会遇到。特别是步入中年后，随着责任的加大，身上担子的增重，社交圈的扩大，也难免会遇到一些让自己也措手不及的人和事，这时，就不妨试试用"幽默"来化解小难题。

因为幽默本身就有如此重要的作用，它是人际关系的润滑剂。一个幽默的人可以将周围的朋友都吸引到自己的身边来，可以将痛苦转化为快乐，也可以将烦闷转化为欢畅。

人到四十，在经过了大半辈子的历练之后，更应该以一种幽默和大度的心态去对待别人，去为人处事。以一种自己轻松，也让别人轻松的姿态，来赢得更多人的赞美和钦佩。

带着倾听的耳朵，永远受欢迎

到了四十岁这个年龄，可能是集精力、智慧、经验、能力等一身的时候，所以这个年龄的人，往往更多地拥有支配欲和控制欲，对四十岁而言，"倾听"这个词语似乎是很多年前的事情了。似乎想做任何事情，达到任何目的，只要去说服，去实施，去"强攻"就可以办得到了。实际不然，即使是到了这个年龄，"倾听"依旧是一项重要的交际艺术。

倾听能够帮助人们了解别人的内心，使人与人之间的关系更加融洽。人类是有感情的动物，每个人都需要别人分享自己的幸福和不幸，而默默地聆听别人的倾诉，就是与他人进行心灵对话的最好机会。倾听不只是一种同情和理解，也不仅仅是一种单方面的付出，在自己付出耐心和关心的同时，收获的却是对方宝贵的忠诚。因此，在和别人交流的时候，一定不要粗暴地打断别人的讲话，更不要对别人的诉说无动于衷。每一个善于倾听别人意见的人，总是宾客盈门，朋友很多，这是因为人们喜欢与尊重别人、平易近人的人交往。

在倾听的时候，一定要主动真心地去感受，随时注意对方谈论的重点，给对方以足够的尊重。只有这样，才能促使对方不断地讲述下去；漫不经心地倾听，就会让对方感觉到自己对他很不尊重，也打消了他继续述说的欲望。

在倾听时也要保持足够的耐心。有时候，对方会反复地谈论一个问题，难免会让人感到厌烦，但是出于对对方的尊重，千万不能露出不耐烦的神色。就算是对方所表达的观点自己不能接受，也要耐心地听他讲完。对于对方的观点，我们可以不同意，却可以表示理解。

倾听时也一定要虚心，不要随便地打断别人的谈话，改变对方的思路和话题，这样不仅是对对方的不尊重，也会妨碍倾听。同时，在对方讲述的时候一定要保持安静，脸向着说话者，眼睛看着他的眼睛或者是手势，并且随口说出一些反馈的语言，比如"对""是的"等，也可以用点头微笑的动作来进行适时地鼓励，表现自己的理解。

倾听是对别人的尊重和肯定，也是对自身价值的肯定，它既是生命价值的体现，又倾注着真诚之美。在和朋友或者合作伙伴谈话的时候，我们一定要积极地去鼓励对方述说，自己也要表现出浓厚的兴趣、关心和赞同。倾听是重要的，一个中年人在经历了太多的事情之后，或许对很多事情已经变得厌倦了，但学会倾听，学会去分享别人的故事，可以让我们的生活更加充满色彩。

很多时候，一个人最不了解的其实就是自己。我们只知道自己的欲望，却不知道自己的本性，只知道自己缺少什么，却不知道自己拥有了什么，而学会倾听，在全面了解别人的同时，也是对自我的一种审视与观察。

一个不善于倾听的人，不能汲取别人的长处和经验，更谈不上丰富自己。善于倾听，也并不是缺少主见的表现，而是在分析判断的基础上，丰富自己的思想，从而使自己的意见更具有代表性和说服力。

因此，多去倾听吧，倾听不仅仅是一种修养，也是人生的一种大智慧。

语气委婉，更容易让别人接受

在平时的人际交往中，当我们费尽心思也没有办法从正面去说服对方的时候，就要考虑是否要改变一下策略，比如以曲为直、迂回出击等。一句同样的话，可以有不同的表达方式，如何把话说得既巧妙又有水平，就需要一定的策略了。

在交际中，委婉的语言总是能大大地增强交际的效果，委婉的深意在于烘托或暗示，让人思而得之，并且越揣摩含义就越深，话语也就越具有吸引力和感染力。要达到这样的效果，就必须具备一定的语言技巧。

以退为进的方式，是一种非常有效的交谈策略。它运用退一步的形式来取得优势，并最终说服别人接受自己的意见。通过退可以积蓄更大的进的优势，表面上的退缩只是为了更好的进攻。用以退为进的方式讲话，一定要做到知己知彼，同时还要适度。生拉硬扯非但达不到预期的效果，还会使情况变得更遭。只有顺应对方的话题和心理，自然而然才能退得巧妙，进得有力。

此外，借题发挥也是说话委婉的一个技巧。借题发挥的关键在于"借"，话题是对方提供的，而能否为自己所用，就在于能否找出有关或者共同的重点。借助他人的话题，来说出人人心中都有，却又没人说出来的新意，是这种技巧的最高境界。

所以说，当我们的好言相劝不能打动对方时，以退为进或者欲擒故纵的方法就会更加有效；太直接的措辞让人无法接受的话，那么，委婉暗示的话就让人无法拒绝了。因此，委婉是一种智慧，也是一种风度，委婉的语言会让我们的生活更加和谐。

任何时候，不要把话说得太满

很多时候，我们都需要给自己留下一点空隙和余地，这样才会有事后回旋的空间。就像两车之间的安全距离，只有保留一点缓冲的余地，才可以随时调整自己，进退有据。所以说，无论任何时候，都不要说话不计后果，为了卖弄一时的虚荣，而给自己不留余地。

说话不留余地，说得太满，就等于不留退路。这样要么成功、要么失败的简单逻辑已不适合如今这复杂多变的社会，为此付出的代价有时是你无法承受的。一个中年人考虑事情的思维应该更加全面，更不能为了逞口舌之快而给自己制造祸端。与其与自己较劲，不如多用一些缓和语气之类的说话方式。

比如，某项工作的难度非常大，老板将此事交给了一位下属，问他："有没有问题？"这个下属拍着胸脯回答说："没问题，放心吧！"可是过了几天还没有任何动静。老板就去问他情况怎么样了，他才老实地说道："这件事情不如想象中那么简单啊！"最后，虽然老板同意他继续努力，但对他拍胸脯的做法已经感到反感了。

所以，平时切记一定不要把话说得太满。对于上级交待给自己的事，我们当然应该接受，但是不要说"保证没问题"之类太绝对的话，而应该说"应该没问题，我全力以赴"这样的字眼。这样说不仅是为了万一做不到给自己所留的后路，也无损你的诚意，反而更显出你的谨慎，别人因此也会更加地信赖你。就算最后事情没做好，也不会受到责怪。

当别人有求于你时，对别人的请求可以答应，但也不要"保证"，应代以"我尽量，我试试看"的字眼。这样的事情在日常生活中非常多，比如与人交恶的时候，千万不要口出恶言，更不要说出什么"势不两立""老死不相往来"的话。不管结果是谁对谁错，这时候都应该闭口不言，以便他日需要携手合作时还有"面子"。在应付这类问题时，一定要避免用一些太绝对的措辞，最好用可能、尽量、或许等不太肯定的字眼，给自己留余地，也是给别人留余地。

用这些不确定的词句可以降低人们的期望值，就算自己不能顺利地完成任务，别人因对你期望不高所以也能用谅解来代替不满，有时他们还会因此而看到你的努力，不会全部抹杀你的成绩；假如你出色地完成了任务的话，他们肯定也会喜出望外，这种增值的喜悦就会给你带来很多好处。

有一句话说："吃饭吃个半饱才有助于健康，饮酒饮到微醺才能体会到饮酒的美妙。"因此，凡事要留有余地，不把话讲得太满，做到收放自如，才能让自己立于不败之地，从而在适度和完美之间找到平衡。

其实，生活中关于人与人交往的技巧还有很多，这里就不再多说，大家可以根据自己的生活经验去总结和发现。

4. 工作不是终极目标

工作的终极目的到底是什么?一般人们都会回答：为了赚钱，为了养家糊口，为了家里人开心等等，但这只是表面的答案，并不是人区别于动物的根本原因。人之所以区别动物，是因为动物是为生存而生存，而人生存是为了享受生活，因此努力工作的终极目的是为了更好地享受生活。

英国前首相丘吉尔说："有的人劳累至死，有的人忙碌至死，有的人快乐至死。"他说的第一种人是为了生存劳累至死的人；第二种人是为了工作而工作，任劳任怨，死而后已；而第三种人不是仅仅为了工作而工作，他会时常从工作中解脱出来充分休息，或者把自己的工作和兴趣爱好结合在一起的人，他们是快乐工作着的人。

我们这里提倡所有的中年人都应该去做那第三种人，当工作疲累了，就要不时地从工作中解脱出来，看一看工作之外的风景，或者干脆选择一个和自己兴趣相合的工作，让我们的工作更精彩。

4.1 莫让"大男人，女强人"压弯腰

大男人主义可以适当放一放

注意"大男人主义"和"大男子主义"不同。"大男人主义"不像"大男子主义"那样认为男人应该优于女子并控制女子，认为男人应该承担生活中的重要角色，妻子应该满足于她低于男人的地位。"大男人主义"通常认为男人应该把事业放在第一位，在事业和家庭的两难选择时，以事业为重，如果一个男人没有事业，他就等于白活。

可见，大男人主义强调的是事业对于一个男人的重要性。拥有这种想法的人，通常是基于以下一些理由：（1）男人拥有事业，更像个男人，是证明男人能力的一种方式，一个没有事业没有能力的男人，就会显得自卑；（2）男人通常都是家庭的顶梁柱，没有事业，就很难支撑家庭的经济负担；（3）女人通常都喜欢事业有成的男人，感觉这样有安全感，没有事业的男人会被女人认为窝囊，没有出息；（4）感情是容易变的，你一旦拥有了事业，就成为了一种资本，与其牺牲事业去抓那也许明天就会改变的感情，不如踏实地努力奋斗。

正是基于以上理由，生活中有很多男人都奉行着"大男人主义"，

久而久之，事业成为了一个男人的面子。如果能够奋斗成功还好，如果不成功，在朋友、在妻子面前，甚至在孩子面前就会抬不起头来。于是为了事业疲于奔命，没日没夜地忙碌，刚到中年就两鬓结霜了，于是，事业成了负担，而不能给自己的生活带来快乐。

事实是什么样的呢？有事业就真得会让你生活得更好？事业就真的能代表一切？其实，一个人真正需要的是能够好好地生活，好好地享受生活，而不是为了事业去拼命。人为什么会后悔？要想自己不后悔一生，就好好地生活，不要在别的事情上绊住自己享受生活的脚步。

当然，这里我们并不是说事业对于男人不重要，而是强调一定要摆正事业在生活中的位置，不要以为有事业就有了一切，起码快乐和健康是事业买不来的。

人到中年，一个男人应该看开世事百态，不要和工作、事业去较劲。不要让"大男人"的想法压弯了腰。

有人为了事业放弃了感情和家庭，他们没有看到，事业没有了可以重来，感情没有了就很难重来了。事实上，对于拥有事业的男人来说，他知道生活有多么的不容易，事业可以重来，如果牺牲事业而抓住的感情又没有了把握，那就是事业感情两头空。

女强人也需要休息

在传统观念中，女人常常被视为男人的附属品。不管是东方的"三从四德"，还是西方"亚当的一根肋骨造就了夏娃"，或多或少体现了女性相对于男性的弱势。女性对现代女性来说，因为有更多接触社会的机会，所以也有了更多自我施展和表现的可能。也可以说，前面几代女人积留下来的压抑在当代全部迸发出来，于是便有了"女强人"这个称呼。具体到事业中，能够做到中层管理人员的女性便成了一个典型的体现。

之所以把这一人群作为探讨"女强人"的话题，是因为在她们身上汇聚着太多复杂的纽带——一方面，已有的工作成就让人羡慕，她们在某一个圈子里一呼百应。下属和周围人渐渐习惯了仰视她们，认为她们有足够的能力照顾和支撑自己；另一方面又要与比自己地位更高的人交往。相对女老板、女总裁等站在最高端的"铁娘子"们，也正因为她们还处于继续发展的过程中，时时刻刻充满着危机感，生怕有一天被谁抢走了自己来之不易的成就，而这种不断进取，又导致了在个人生活上的荒废……

大多数人都很愿意接受"女强人"这一标签，其中又有大部分还把这当成是一种荣耀。显然，强悍、精明、能干……这些是能让她们获得最大满足的形容词。她们自己也渐渐沦为"女强人"的奴隶：因为别人觉得自己不同凡响，所以剥夺自己犯错的权利；因为别人觉得自己独立坚强，所以开始掩饰自己的脆弱和恐慌……她们独自撑起一片天空，成为众人景仰的"大姐大"，被大家敬而远之地羡慕或欣赏的同时，却忘记了她们自己也需要支撑的力量。这样的"遗忘"，换来的就是"大姐大"荣耀背后的焦虑与不安。

心理学家 Abraham H.Maslow 在阐述个体向着自己人生的高峰攀登过程中，会产生一种极度欣快又难以言表的感受，这就是"高峰体验"。自我实现的目标越强，高峰体验也就同样会越强烈，这从某种程度上也可以解释处在发展中的中层管理"女强人"们为何能够以远远高于常人的工作量来获得满足。忽略了艰辛、疲惫，并不代表这些消极的情绪客观上就不存在。恰恰相反，以压抑的方式来强行克制，则这种负性的能量就会转变成各种潜在的危机与冲突，并伺机寻找着突破口。好似一个上足了发条在超负荷运动的机器，一旦遇到突然停顿，内部的损坏就会摩肩接踵而来，这就是为什么停下来反而比忙碌更让自己痛苦的原因了。

失败是成功之母。这句格言在小学时几乎人人都学过，但真正面对中年以后的人生，许多却往往又难以接受自己失败的现实。许多"大姐大"们形成了这样一个观念："我只有成功了才能被接受。"虽然站在认知心理学的角度，这实在是个会引来心理冲突的偏激想法，但客观上却也成为不少"女强人"们继续向着事业顶峰冲击的动力。然而，随着年龄的增长、竞争的加剧，使这种观念进一步成为了心理的枷锁，这也是女性相对于男性的社会弱势所产生的固有的危机感。有时候，成就越多，越会让自己惶恐不安，成天生活在焦虑中。所谓"停下来"，在她们看来就是无异于受挫了。究其根源，正是不愿意接受失败的缘故。

这一后果应该说是相当严重的，不仅引发心理问题，更容易引发一些与心理因素息息相关的生理疾病。因此，要摆脱这种困扰，首先应当正视自己是一个普通的人，并非不眠不休的机器。

应该说，任何一个人都可能遭遇失败，如果我们只允许自己成功，那么无异于对自己下了一个非理性的命令，这么做只能平添内心的无助。如果我们把犯错误或者品尝失败的权利还给自己，我们会发现：其实除了我们自己，没有人要求我们必须十全十美，永远成功。事实上，成功的唯一秘诀是：敢于失败。

就像英国心理学家 J.Brown 说过："一个人如果没有任何阻碍，即将永远保持其满足和平庸的状态，既愚蠢又糊涂，像母牛一样怡然自得。"实际上，正是这种种挫折才能使人从失败中汲取经验教训，以增强其克服困难、适应逆境、最终战胜挫折的能力。有时候，不妨把暂时的失意、挫折或者停顿当成是现实赐予自己休整、调养的好机会。因为哪怕是机器，也总要有维护、上油以及重新校验的时间，何况是有血有肉的人呢？所以，一旦意识到自己由于工作压力或社会压力过大而发生了心理问题，一定要及时缓解。专家建议，通过听音乐、逛街、与朋友聊天，或其他适当的发泄途径定期给自己的心灵松绑。所谓"休息"也不单是指简单的睡觉，还包括做自己喜欢的事情，比如参与各种运动和娱乐等，这都是良好的休息方式。从某种意义上来说，放下自己高高在上的身段和不肯面对失败的强势、劳逸结合，反而可以使人体回到作为人性的平常一面，这亦是帮助自己带领好团队的重要前提。

4.2 停下来，适当歇歇吧！

有一个很生动的寓言故事：一只小老鼠拼命地在路上跑，后来遇到一只乌鸦，乌鸦就问它："小老鼠，你跑这么急干吗去啊？停下来歇歇吧！"小老鼠听了一边继续奔跑一边喘息着答道："不能停啊，我要去看看这条路的尽头是什么样子。"

不一会儿，这只小老鼠又遇到了一只乌龟，乌龟也问它："小老鼠，你为什么跑这么急啊？来晒晒太阳吧！"小老鼠依旧答道："不行啊，我要跑到路的尽头，看看它到底是什么样子。"

就这样，一路上不停地有小动物问这只老鼠，但是小老鼠从来没有停歇过。直到有一天，当它一头撞在了路尽头的树桩上，它才不得已地停了下来。

"原来这条路的尽头就是树桩啊！"小老鼠忍不住叹息道。更加让它懊恼的是，现在的小老鼠已经不像以前那样年轻了，它开始变得老迈："早知道如此的话，还不如好好地去享受沿途那些美丽的风景呢，那该多有惬意啊！"

从上面这个故事中小老鼠的身上，我们可以看出多少中年人的影子？浸淫在职场中的都市白领，每天忙于奔波的生意人，为了孩子劳心劳力的父母……约翰·列侬说过："当我们正在为生活疲于奔命的时候，生活已经离我们远去。"看似很平常的一句话，然而它所揭示的道理却是引人深思的。当我们都在为生活拼命的时候，生活给予我们的除了名利和地位，还能有什么呢？

上海中发电气有限公司的董事长南民，年仅 23 岁的时候就已经成了温州乐清税务局的一名专管员，在当时，这已经是让多少人羡慕不已的职位了。然而南民不甘平庸，他抓住一家公司举棋不定的时候，凭借着自己的魄力和敏锐的头脑，指点该公司投资 200 万扩大生成，结果公司迅速崛起。在 1990 年，他又创办了四通集团温州分公司，1997 年又在上海创办了中发电气有限公司。十几年间，南民已经从一个小小的专管员成为了身价约 5 亿元的富翁，并在 2005 年跻身胡润富豪榜第 351 位。

就在南民的事业如日中天的时候，2006 年 1 月 21 日，他却因罹患急性脑血栓最终抢救无效死亡，终年 37 岁。

其实，像南民这样的例子并不少见。一位医药学家认为，每天 24 小时不停地工作，人的身心就会超负荷运转，使人体处于亚健康的状态，长期下去，就会对我们的健康造成很大的危害。

现在，人们总是被日常生活的大小事牵扯着，就像那只不停地在奔跑着的小老鼠一样，没有闲暇去思考这忙碌背后的意义所在。无休止的忙碌在给我们带来物质回报的同时，也带来了心灵的焦虑、精神的疲惫，甚至健康状况也每况愈下。难怪米兰·昆德拉也发出了如此的感慨："慢的乐趣怎么失传了呢？古时候闲荡的人到哪里去了？民歌小调中游手好闲的英雄，那些漫游各地磨坊、在露天过夜的流浪汉，都到哪里去了？他们随着乡间小道、草原、林间空地和大自然一起消失了吗？"

因此，让我们将生活的脚步放慢，适时地去休息一下、享受生活，不要像故事中的那只小老鼠一样，直到撞到了树桩上，才认识到尽头的含义。

　　工作固然重要，然而只有真正了悟了生活的要义，才能更好地工作。

___Part 8___
理财规划：财务不可掉以轻心

　　四十多岁的中年人，通常被称为是"夹心层"，正因为这个群体经历了半辈子的努力，如今大都上有老、下有小。虽然对于每个中年家庭来讲，经过多年的打拼在经济上有了一定的积蓄，但在家庭支出方面压力也不小，孩子基本都在初中或高中阶段，孩子的择校费、补课费是笔不小的开支，几年之后再进入大学学习，费用支出又将是家庭支出的重中之重；中年家庭一般都了自己的住房，而且都承担了沉重的月供压力；父母此时年纪已大，身体状况越来越差，未来的医疗费及养老费也是不小的刚性支出。因此说中年人此时不但肩负着自身的事业与家庭责任，还须面对儿女教育、父母赡养和偿还房贷等一系列问题，经济压力非常繁重。对于未来的生活，我们可能有一千种、一万种设想，但唯有一点无法改变的是，终有一天我们都会变老。如果现在再不着手退休养老规划，恐怕将来退休时将会面对"惨淡的人生"。

　　凡此种种，皆说明人到四十，财务绝对不可以掉以轻心。

1. 坐吃山也空——理财的重要性

钱包很鼓意味着一个人的财富很丰厚，但再多的财富也会有花完之时。所谓的坐吃山空就是这个道理。避免这种状况的秘诀在于累积的收入成为持续不断的财源，并且在未来保持口袋饱满。即便停止工作，出去旅行或度假，你的口袋里仍会有源源不断的进账！学会科学理财就能帮你实现这一点！

某富翁死后将全部的财产（包括房屋和田地），统统折换成了金币平分给了他的两个儿子。兄弟俩在得到财产后，分道扬镳，开始各自的生活。

老大生性保守，为安全起见，他在一棵老榕树下挖了一个深坑，埋下了大部分金币，另外一些留在身上。他自己呢，干脆去另一个地主家做长工，天天干活出力，赚得一日三餐。实在太累了、不想干了，就出去逍遥一下，花上几个金币过几天舒服享乐的日子。由于金币数量够多，老大一直过着无忧的生活。

十年后，老大蓦然发现埋下的金币已经所剩无几了，每天都感觉自己的眼前布满了阴云。在这时他突然收到弟弟的来信，信中说老二把父亲原来卖出的房子和田地又都买了回来。老大对此十分不解，回信问弟弟："那么，你现在还有生活的钱吗？"

老二没有作答，只是让哥哥来自己的家里做客，然后领着他到自己的密室中参观。结果，老大瞪大双眼，说不出话来。原来满屋子都是金币，至少是当初分得金币的 5 倍以上！

对此，老二解释说："我发现把手里的钱换成地产和房产是有利的，只有这样才能够保值、增值。我还发现药材生意很不错，就开始倒卖药材，用其中一部分金币收购药材，然后到药材奇缺的地方去卖，结果才有了现在的利润！"

现金的真正价值在于流动，而不是单纯地占有。持有金币而不去投资，只会坐吃山空，让钱越来越少。流水不腐，户枢不蠹。我们个人资产中的现金流，如果没有活水的注入，是注定要干涸的。

也许你现在吃不穷、喝不穷，但是如果目光短浅、不懂理财，早晚有一天是会受穷的。人不能小富即安，满足于现状，应该胸有大志，努力赢在未来。

不管是过去还是现在，有远见并且懂得用心理财的人，总是会获得不错的回报。一个安于现状、漠视财富的人，必然是一个现实感很差的人。在普罗大众心中，衡量一个人是否成功的基本标准就是他能否过上衣食富足的生活。在同样条件下，为什么有些人越来越富有，而有些人却衣食难保呢？这就关乎有没有理财观念的问题了。

有些人赚钱的能力并不低，但是努力工作得到不菲的收入之后，却很快将钱全花光，美其名曰"能挣会花"。因此，这群人虽然收入不低，却没有多少节余，都市中诸多的"月光族"就是这样的人群，以至于当个人财务状况发生变动时，他们无法做出有效的应对。此外，许多有高智商也会交际的人，由于不懂得如何科学理财，往往让自己陷于高财务风险的窘境，因而也无法致富。这些都是理财意识淡薄，理财能力较差的表现。

理财技巧高的人，即高财商者，他们会有计划、有步骤地理财，在增加收入、减少不必要支出的同时提高家庭的生活水准。相对于那些开支无度或者过于吝啬的人，高财商者贵在能够开源节流，在支出时使花费发挥最大效用，令现有财富迅速增加或重新创收。

通过科学理财，高财商者可以有较雄厚的经济实力来提高生活水准和生活质量。由租房到买房；由搭公车上班到开自己的私家车上班；由周末闲逛到出国旅游，高财商者会稳步提高自己的经济能力，并且对未来做好充足准备，储备退休后的养老所需，实现完美幸福的人生梦想。这些也正是我们每个人通过一定的方式、方法都能达到的。

相反，那些自恃有钱而挥霍无度的低财商者，常常因为收支不平衡而身陷债务，结局大都较为悲惨。

不该花的钱坚决不花，这其实是最简单的理财之道。那么，不妨从现在起，为自己的将来做预算。

预算是一张蓝图，它能帮助你有计划地使用财富，使你用有限的收入最大限度地享受生活。约翰·洛克菲勒每天晚上入睡前，总要算算账，把每一美元的用途弄得一清二楚，然后再上床睡觉。

在记账最初的一个月里，我们要把所花的每一分钱做出准确的记录。如果可能的话，连续作3个月的记录，我们就可依此弄清楚钱到底是花在哪里，哪些支出是不必要的、应该减少的，哪些支出根本就是错误的浪费行为。长此以往，你就会不自觉地养成理性消费的好习惯，这正是科学理财的关键。

一个人的财富，不在于他现在的钱包有多鼓，而取决于他所累积的收入能否成为持续不断的财源，并且在未来保持口袋饱满。也许大家都渴望这样一种生活：即便是你停止工作，出去旅行或度假，你的口袋里仍会有源源不断的进账！学会科学理财就能帮你实现这一点！

现在就利用好你的资金，从事有获利的投资。从类似的经验中获得智慧后，你的投资将日益扩大，金子就会像河水一样不停地流入到您的口袋。从看起来微不足道的收入中，逐渐积攒出一笔钱，让每笔钱自始至终都为你效劳，假以时日，你将会得到更多的钱。

钱到用时方恨少，平常若不理财，临时抱佛脚是来不及的。理财这件事儿就应该未雨绸缪、居安思危，越早实施越好。这样，当危机突然降临时，你才不至于手忙脚乱或者毫无办法。

2. 赚多少钱是个够？——反思你的金钱观

钱是什么？这是个简单又复杂的问题。往往很多人对于钱的理解过于偏狭，没有正确的金钱观。当错误的金钱观指导我们的生活时，就会带来各种麻烦，它不但会给你带来现实的理财问题，也会给你带来心灵的枷锁。因此，人到中年，在人生中也许是最富有的时光，更应该建立正确、科学的金钱观。

什么是钱？对于这个问题，很多中年人都会觉得这个问题简单得无聊。事实上并非如此，也许因为钱距离我们太近，以至于从来没有人能深刻地去思考这个问题。

从宏观经济学角度说，钱首先是一种财富的象征，这个毋庸置疑，每个家庭的月收入和年收入以及固定资产总额、现金存款等都成为衡量这个家庭是否富裕的重要指标。

从微观经济学来看，钱是一种货币单位，我们日常所接触的人民币、美元以及欧元等都是一种货币符号，它在特定的环境和条件下被交换和流通。

从财务规划方面看，钱是一种控制能力的体现。钱没有常形，中国古代文化一直有"财富如水"的说法，因为财富本身就像水一样，它是恒久流动的，永远从一个渠道进，从另一个渠道出。能将这样无形的抽象的灵活多变的事物掌握在手中，自然需要非凡的控制力道。如果伸手试图抓住流动的水，留在掌心的只会是水的痕迹。水是抓不住的，只能引导和积蓄。钱也是同样的道理。

个人和财富的关系，就好比一棵树与水的关系。水量充沛，树长得郁郁葱葱，生机盎然；如果让一棵树整天泡在水里，那只会将根泡烂。已经获得财富的人，如何保住现在的财富并获得更多的财富呢？必须要具有正确的财富心态，否则任何一个动荡都会成为财务健康、财务安全的凶手。所以对个人而言，应该清楚每个人对财富的需求是有限的，在获得财富后，最好的办法是在自己这棵树周围遍植林地，良好的生态环境，既能增强自己的活力，又能增强自己的抵御力。所以有人说过："财富如水——如果是一杯水，你可以喝下去；如果是一桶水，你可以搁在家里；如果是一个池塘或一条河流，就要学会与人分享。"

从以上的类比分析，我们可以简单得出以下的对于金钱的人生信条：

（1）穷困和贪婪一样，将使一个人在金钱面前丧失自尊。

（2）财富与金钱是不同的概念，一个人的财富是自己的，而一个人的金钱有可能不完全是自己的。

（3）每个人都可以成为富翁，但不必每个人都攥紧金钱。

总有人把生活的不快乐归咎于："我没有钱，所以我不快乐。""我要是能买一套自己的房子我就快乐了。"事实是当有了房子后还会想要更大的房子和更好的车。很多人有了钱以后发现自己还是不够有钱，始终得不到快乐。有了钱就会快乐，还是快乐了就会有钱？很多人希望钱是越多越好，但越多越好的概念是什么？他们并不知道。为什么越多越好？是因为他们认为钱越多就会越快乐。通过前面的测试你会发现，钱只是一个过程和工具，因为它会从这里流进也会从那里流出，只想紧紧地握住钱财而不会使用它的时候，钱财是会悄悄离去的，它会给自己找一个更有价值和意义的地方去。当你明白了人生的价值在于创造的过程的时候，才可能真正变得有钱。

经济改革以来，物质财富极大丰富，但民主法制、道德信仰方面却极度缺失，公民社会远未形成，每个人仍局限在家庭和身边的利益小圈子里。由于公共空间被挤压，我们身处的依然是等级分明的丛林社会，只不过从以前的权力等级演变为如今的财富等级。当作为社会中坚力量的中年人被推到财富赛车道上，唯一的价值取向就是跑到前面，生怕落后的危机感自然而生。

俗话说，人比人，气死人。中年人处在追逐金钱的主战场上，如果过分攀比，则会在更大的限度上加重自己的危机感，导致一系列的问题出现，因为，总有人会比你有钱，比到何时也比不完。毕竟真能达到世界前几位的人屈指可数。

我们所处的物质化的社会是与幼时成长环境完全不同的。被物质裹挟的中年人越攀比就会越心存恐惧，越怕失去金钱，同时为了追求金钱又失去很多，包括友情、健康、爱情等。就拿爱情与金钱的关系来说，贫贱夫妻百事哀，有钱家庭亦有其烦恼，当看到有些年轻男女的拜金行为，谁还担保对方不被诱惑而保持曾经的美好。

3. 理财规划小贴士

中国有句古话：吃不穷，穿不穷，不会算计一辈子穷。错误的投资，往往比不做投资更糟糕！由于经济环境的不断变化，任何现在可能很赚钱的项目都很有可能变成会赔钱的机会。这就凸显了科学合理规划理财的重要性。

3.1 理财不要只用耳

不要盲目从众

大多数人在理财规划时很容易产生盲目从众的心态，尤其是刚刚开始规划理财时。他们往往并不熟悉基本的理财技巧，只是因为单纯而简单的逐利心理，再加上周围人的煽风点火，才会贸然地选择某种理财方式。

这种效应其实是心理学所讲的一种社会感染。在一定的环境和条件下，人们由于相互的影响和驱动，会引发一系列非理智的行为。个体一旦丧失了自我的思考，就会盲目地随大流，奔向陷阱里寻找金子。

其实，往往是少数人的看法才是正确的。举个例子，股市大亨们想从散户手中拿到廉价的筹码，一般就是喊一嗓子："天堂在 2500 点以下！"结果那些原先看好 3000 点的人都纷纷放弃原有位置，蜂拥到 2500 点去寻找自己的天堂，但是，通往 2500 点的路很快被截断了，当他们不得不回来后，却发现自己原来的位置被大亨们占据了。两手空空的人们仍然渴望进入天堂，这时大亨们又喊话了："上帝说，真正的天堂是在 5000 点上方。"人们没长记性，忘了先前吃的亏，再一次相信了这种忽悠，争先恐后涌向 5000 点，而大亨们早就半道"下车"了，散户们的命运和后果可想而知了。

投资理财，心态是关键，最主要的是要有一颗平常心。罗马不是一天建成的，赚钱也不是一天两天的事，那种希望投资马上有回报的心态是不正常的。

相信专家，更要相信自己

一个金融系的学生打电话给他做股票分析师的舅舅，询问哪一只股票可以买，大盘什么时候开始上涨，舅舅不耐烦地对外甥说："你好好想一想，如果我知道哪一只股票可以买，什么时候大盘会涨，我还会沦落到当分析师的地步吗？"

不可否认，专家（我们所说的是那些名副其实的专业人士，而并非那些一瓶不满半瓶晃自诩为"专业"的家伙）在大多数情况下对于本专业具体情况的判断和分析都会很准确、很到位，但是有时候也难免出现上述笑话中所提到的问题。

由于某些案例的特殊性，导致专家因为以往经验的误导，做出了错误的判断。由此看来，每个投资理财者应当坚持自己的独立判断和分析，在此基础上，将专家的意见作参考。

如果我们的本职工作无法接触到财经领域，那么面对投资理财方面的内容，往往会遇到更多的问题。在专业知识的涉猎方面，我们的时间和精力毕竟有限，这个时候需要多听听理财专家的意见。你可以找机会询问他们一些基本的常识知识、请教行业形势、征求建设性意见……但要记住一句老话"不可不信，也不可全信"。专家并非神人，难免会有看走眼或者预测错误的时候，他们的误导多少也会影响你的投资，他们提出的新观点也必须要在实践中进行检验和证明。最关键的还在于，只有你自己最了解自己，最清楚自己的真实需求和风险承受能力。所以制定投资理财策略时，我们自己绝不能缺席，那种全权交给专家，自己当"甩手掌柜"的做法绝对是要不得的。

这样看来，占有丰富的资料和信息，对于投资理财者而言就是至关重要了。"全副武装"自己的头脑，将决定权把握在自己手中，专家的建议你要尊重，但不可盲从，只有这样，才可能保证自己的投资决策不会掉入到经验主义的陷阱里。

相信专家，有时候不如相信自己。一般人总认为投资成功与否，取决于一个人的预测能力。其实，所有的专家和你一样，都无法预测未来。实际上，存在于纸面上的一个"只赢不输"投资方法是不存在的，你只是要尽力做到"多赢少输"而已。

综合以上分析，好的理财规划应该包含三种关键心态：忌贪婪、不盲目、独立性。

忌贪婪，每次投资之前你要为自己设定一个"止盈点"：不能多多益善、贪得无厌。同时，也要设定一个"止损点"：一旦到达止损点，要果断了结，绝不留恋。

不盲目，当然是要多做研究和分析，不要被众人跟风的表象所迷惑，要学会透过现象看本质，以伯乐的眼光审时度势。

独立性，就是一旦认准了一只"金蛋"，就不要被别人的言论所左右，假以时间让它孵化成"金鸡"。

有了这三种关键心态，你还怕投资理财没有收益吗？

3.2 选择你最了解最擅长的领域投资

在五花八门的理财产品面前，我们的理财观念和理财方式正在发生着潜移默化的改变。面对如此众多的理财产品，中年人应该如何选择？除了要拥有良好的心态外，从家庭、年龄以及自身理财知识储备出发，对于中年人来说就显得格外重要了。

认真做好财务规划

中年人不像年轻人能承受得起重大的失败，所以在投资上要稳健一些，稳健不是保守，不是只买债券或货币市场基金，而是更加注重纪律，以成熟的心态做投资，坚决止损，不能让投资伤害到财务安全，因此，中年人在投资之前最好做好自己的家庭财务规划，周全地考虑每一个环节。

针对一般中年人的家庭等特点，我们认为一个好的财务规划应该包含以下重要内容。

（1）设置专款专用账户

在大多数中年家庭中都会同时面临孩子的教育费支出、家庭住房支出以及父母的赡养费及医疗费支出，如果此时着手进行自己的养老费筹划的话，合理分配家庭资金，由于这四个账户的支出会同时进行，因此同时开设四个账户专款专用，就会避免由于没有长久规划只顾眼前不顾将来而将四类资金混用，到头到来牺牲的还是家庭的养老金。

（2）从现实出发，区别对待

上述四大需求还有着不同的级别。

级别最高最"硬"的自然是清偿房贷，这个没有任何调节余地。毕竟房屋是资产，如果买的大房子，到进入"准退休族"行列的时候就能全部还清，这套房子将很有可能是最大的一笔资产，是未来养老的"定心丸"。

其次是赡养父母的钱。赡养年迈多病的父母是子女义不容辞的责任，虽然自己未来的养老问题同样很重要，但已经步入老年的父母的赡养费用则更加紧迫，尤其是父母的医疗费用将可能是一笔相当不菲的支出，并且随时可能需要动用。因此，我们应该将一部分家庭资产以"父母医疗费"的名义成为家庭紧急准备金的一部分，购买货币市场基金或银行短期理财产品，以确保其流动性和安全性。当然，现在的中年人往往都有兄弟姐妹，赡养父母的压力还可以几个兄弟姐妹一起分担。

接下来就是我们自己的退休金了，而需求弹性相对最大的就是子女教育金。因此，如果在区分四个账户后，自己的退休金账户里的钱依然捉襟见肘的话，就只有一个办法：将部分子女教育金转化为自己的养老金。

除了从各个渠道积累退休金外，中年人的人身保障也是少不了的。

由于人到中年，家庭责任巨大，这也就意味着其自身保障相当重要。保险对于中年人而言，不是理财工具，而是生活必需品。身为家庭重要经济支柱的"夹心族"，一定要有足够的保险保障，一旦不幸身故或残疾，失去养家糊口的能力时，至少还有保险理赔金可以照顾家人。因此，中年人应该首先给自己购买适当的保险，然后有余力的话再考虑为子女及家庭其他成员购买。

经济比较宽裕的中年人，可以做些"重大疾病保险＋住院补贴型医疗保险＋人寿保险＋人身意外伤害保险"的保险组合，以预防生病、意外等带来的损失。

对于更多的财务状况不甚理想的中年人来说，其他保险都可以省，但重大疾病保险和人寿保险是万万不能省的。由于现在50多岁的"准退休族"已经成了重大疾病高发人群，因此，40多岁的人和50多岁的人在购买重大疾病保险时，在费率上相差很大，与其到时再花大钱买，不如趁现在及早规划，毕竟保障是实实在在的。

选择熟悉的适合自己的领域

在做好了上述的周全的财务规划后，如果还有闲钱那么可以选择一些风险相对大回报也大的领域进行投资，但在选择投资领域时，一定是要自己熟悉并且适合自己的。

现在如果你手上有钱，对于股票、基金来讲，或者是对于房产来讲，其实都是一个选择，但实际上你之所以要选择这三类的某一类或者其他类，还是要看你真正对这个产品的熟悉，你是对投资股票熟悉，还是对投资房产熟悉。还有一个就是你对它的预期。如果你真正对它熟悉的话，对投资你产生了心里踏实的感觉，你可能就对自己的选择有一个明确的答案了。

除了选择自己熟悉的，还要选择那些真正适合自己的领域。

实践出真知。事后发现问题，远不如事前发现来得更有用。很多人都习惯等到错误的决策和糟糕的结果造成重大损失时，才慌慌张张地去亡羊补牢，但结果往往为时已晚。有时候即使认清了错误，但同时也消耗掉了时间、资本和精力，再也挽不回来了，这是无法改变的事实。

与其经过几次失败的投资后才认清自己的路，莫不如第一次就认准自己的投资领域和投资实力，以求一击即中。如果你自己的闲钱才有几万元，那就不要妄想去投资房地产；如果你每个月的余钱达不到3000元，那么投资股票也只能是拿着木棍打野狗，不仅不可能打到猎物，反而很有可能被咬伤。

因此，对于普通的中年工薪族，投资基金想必是较为稳妥的一种选择。尽管风险依然存在，但是毕竟相对于进入股市或买卖期货来说，还是较小的。投资基金，你就如同选好一棵大树，拎着弹弓打鸟，即使能力不怎样，但总会有收获的……这种比喻虽然不算太贴切，但也是八九不离十。

当然，对于那些相对富裕、闲钱较多的中年家庭，你还要根据个人的情况具体分析后，选择最适合自己的投资领域入手。

3.3 常用理财方式举要

银行定、活期储蓄

储蓄或者说存款，是深受普通居民家庭欢迎的投资行为，也是人们最常使用的一种投资方式。储蓄与其他投资方式比较，具有安全可靠（受宪法保护）、手续方便（储蓄业务的网点遍布全国）、形式灵活、还具有继承性。储蓄是银行通过信用形式，动员和吸收居民的节余货币资金的一种业务。银行吸收储蓄存款以后，再把这些钱以各种方式投入到社会生产过程，并取得利润。作为使用储蓄资金的代价，银行必须付给储户利息，因此，对储户来说，参与储蓄不仅支援了国家建设，也使自己节余的货币资金得以增值或保值，成为一种家庭投资行为。

银行储蓄是最传统的理财方式，多作为家庭理财必备的家庭应急备用金使用。储蓄中要定期、活期储蓄相结合，尽量选择收益率最大储蓄种类。就现行银行利息讲，如果考虑通货膨胀和利息税等因素，存款在银行中的货币是在不断贬值的，因此，储蓄不可作为主要的理财方式配置。

债券

目前债券主要分为国债、企业债和金融债。国债分为凭证式国债和记账式国债。前者不可上市流通，可提前兑取，但需要支付一定手续费，特别是一年内提前支取，还不计息，因此，存在一定的风险性；后者可以上市流通转让。

国债利息比银行略高，风险性小，也不交利息税，因此，可作为抗风险性投资。购买债券时，首先应关注债券的流通性和期限，可上市流通的债权便于变现，中短期债券有利于防止利率的变动；其次在操作上要进行分散购买。如今，国债的流动性亦很强，同样可以提前支取和质押贷款。因此，国债对于那些收入不是太高，随时有可能动用存款以应付不时之需的谨慎投资者来说，算是最理想的投资渠道了。如果你手上有一笔长期不需动用的闲钱，希望能获得更多一点的利润，但又不敢冒太大风险，可以大胆买进一些企业债券。企业债券的利息收入虽然也要缴纳利息税，但税后收入仍比同期储蓄存款高出一大截。

股票

将活期存款存入个人股票账户，你可利用这笔钱申购新股。若运气好，中了签，待股票上市后抛出，就可稳赚一笔。即使没有中签，仍有活期利息。如果你的经济状况较好，能承受一定的风险，也可以在股票二级市场上买进股票。股票作为股份公司为筹建资金而发行的一种有价证券，是证明投资者投资入股并据以获取股利收入的一种股权凭证，早已走进千家万户，成为许多家庭投资的重要目标。股票投资已成为老百姓日常谈论的热门话题。由于股票具有高收益、高风险、可转让、交易灵活、方便等特点，成为支撑我国股票市场发展的强大力量。

投资收益已经不用多说，投资股票要注意的就是高风险。对于没有充足时间每天关注大盘各股的朋友，建议不要投资股票。按照欧美市场成熟模式看，是"穷人买彩票，富人买股票"，但中国市场投资股票，多算是"投机者"，入市需谨慎。

利息税的征收范围虽然也包括个人股票账户利息，但对股票转让所得，国家将继续实行暂免征收个人所得税的政策，因此，利息征税后，谨慎介入股市，亦是一条有效的理财途径。

保险

保险在大类上可分为保障型保险和投资型保险两种。前者重在保障，后者除保障功能之外，还拥有投资功能。投资收益中等，风险几乎为 0，一般在保险条款中有详细的分红和投资收益分账计划。

人生最大的迷，就是未来。任何人都无法预知一个家庭是否会遇到意外伤害、重病、天灾等不确定因素。保险是一把财务保护伞，它能让家庭把风险交给保险公司，即使有意外，也能使家庭得以维持基本的生活质量。保险投资在家庭投资活动中也许并不是最重要的，但却是最必需的。老百姓投保的原因主要有：买一颗长效定心丸（家庭生活意外的防范）、居安思危（未来风险的防范）、养儿防老，不如投资保险等。

我国城乡居民可供选择的保险险种多种多样，主要有财产保险和人身保险两大类。家庭财产保险是用来补偿物质及利益经济损失的一种保险。已开办的涉及个人家庭财产保险有：家庭财产保险、家庭财产盗窃险、家庭财产两全保险、各种农业种养业保险等。人身保险是对人身的生、老、病、死以及失业给付保险金的一种险种。主要有养老金保险系列、返还性系列保险、人身意外伤害保险系列等。

人寿保险是保有生命价值的一种重要方法，是在生命没有结束之前，就可以拿到的保证一生收入的财务合约。保险，花费很少，却保证了无论在何种风险侵害下，你都可以为家庭承担财务责任。

保险是风险管理的重要工具，保险区别于其他资产形式的特点在于它是急用的现金，这是保险与其他金融机构、其他资产形式相比较最有核心竞争力的方面。当一些紧急的情况发生时，需要的往往是现金！急需用钱时，其他的资产形式很难及时变现，或者转换成现金时出现损失或产生费用。当发生风险的时候，保险公司会按照合约的约定支付给投保人一笔现金，因此，保险购买的是一种风险发生时的大量现金的使用期权。合约约定的使用时期恰好是风险侵害家庭时最需要现金的时候：重大疾病、住院、意外伤害、残疾、死亡……在所有的金融资产中唯有这个现金的期权，是在人生中最需要大量现金的时候可以及时支付给你的家庭的。

个人外汇买卖

随着对外经济技术文化交流的日益频繁，个人手中握有的外汇越来越多。特别是我国社会主义市场经济体制的逐步确立和加入世贸组织，普通居民家庭对外汇的需求越来越大，2000 年底，我国已实现人民币自由兑换。居民可选择的外汇投资种类包括：外汇存款（即投资于外国货币，赚取汇率差额）、外汇兑换（在熟知近期外汇兑换率前提下，不失时机地进行买和卖，取得可观外汇收入）、投资外汇证券市场（通过中国银行、驻外机构、经贸公司买卖外汇债券，外汇股票业务，取得正当的外汇投资收益）。

个人外汇买卖，是指依照银行挂牌的价格，不需要用人民币套算，直接将一种外币兑换成另一种外币。参与个人外汇买卖主要可以获得两个方面的投资收益。其一可以避开汇率风险，使手中的外币保值增值；其二，增高利息。将低利率外币换成高利率外币，同时需要考虑升值趋势。

对于非高收入者或是抗风险能力较低的朋友，投资个人外汇买卖在操作上有一定难度。如果对该类投资有兴趣，也可少量进行投资尝试，切不可茫然切入。

基金

2007 年，随着"基民"这个词汇的诞生，基金成为了很多人的主要理财方式，但可悲的是，现在多数家庭仍有基金被套。从某个角度来看，这是个好事情，用血的教育告诉了投资者，投资是有风险的行为。

为降低投资风险，我国《证券投资基金法》规定，基金必须以组合投资的方式进行基金的投资运作，从而使"组合投资、分散风险"成为基金的一大特色。中小投资者由于资金量小，一般无法通过购买不同的股票分散投资风险。基金通常会一篮子股票，某些股票下跌造成的损失可以用其他股票上涨的盈利来弥补。

股票型基金顾名思义，主要资金用于配置股票资金。风险较高，涨跌幅度大，在市场环境好的情况下，收入可观。

债券型基金流动性好、资本安全性高。这些特点主要源于债券市场是一个低风险、流动性高的市场。

投资基金，最好全面配置分散风险。如果有足够资本，可购买多家公司的不同种类基金。投资基金是指基金发起人通过发行基金券（即受益凭证），将投资者的分散资金集中起来，交由基金托管人保管、基金管理人经营管理，并将投资收益分配给基金券的持有人的一种投资方式。居民家庭购买投资基金等于将资金交给专家，不仅风险小，亦省时省事，是缺乏时间和专业知识的家庭投资者最佳的投资工具。

房地产投资

买房投资，是家庭中较大的一项财务开支。投资住房应考虑地段、质量、售价及付款方式、环保、物业管理和户型朝向等因素。同时一定关注是否有房产证，没有房产证的房子是没法转让和买卖的。如果考虑房产出租获利方式，要注意地段的出租率与租金水平，租售比是个关键的指标。从现在市场条件看，租售获利已经不是一项很"合算"的投资方式了。

房地产作为世界三大投资热点之一，向来受到商家的青睐。房地产是房产（房屋财产）和地产（土地财产）的合称。其实，房地产除了满足居民家庭居住需求（遮风避雨）外，兼具保值增值的功效，是防止通货膨胀的良好投资工具。一个家庭，要投资于房地产，应该作好理财规划，合理安排购房资金，并学习房地产知识。毕竟，购房对于每个家庭都是一项十分重大的投资。房地产市场分三级：一级市场（国家垄断）、二级市场（房地产商开发经营活动场所）、三级市场（房地产再转让、租赁、抵押场所）。投资者可根据实际情况，选择长线投资和短线投机进行操作。购得房地产后，投资者应随机应变，待市场大幅看涨时，果断脱手套现，获取大笔价差收入。

收藏品投资

现实当今，收藏不仅是一种修身养性的业余文化活动，它更是一条致富的途径，是一把打开富贵之门的金钥匙。在各式各样的收藏品中，古玩、字画、钱币、邮品及火花不但历史悠久，而且自成体系，在收藏界占据了显著的位置，并称"五大世家"；随后，特别是近十年来，又涌现出了声名盛极一时的"四大名流"：磁卡、粮票、股证和彩票。还有，诸如纪念章、各种工艺品等都可收藏，人们习惯于把这些收藏品称之为"三教九流"。收藏爱好者应遵循商界"不熟不做"的至理名言，应熟悉某一收藏品的品种、性质、特点、市场行情及兴趣、欣赏原则，及时收藏，待价而沽，达到取得投资收益的最终目的。至于增长的快与慢、高与低，取决于多种因素。收藏市场有个有趣现象：收藏品越增值，参与收藏的人就越多；收藏的人越多，收藏品增值就越快。近几年收藏市场正在加快这种"滚雪球"式的良性循环。

古董和字画具有丰厚的增值内涵，但需要丰富的专业知识和鉴赏能力，非专业人士看走眼的事情经常发生。一个规律是，在市场环境好的情况下，收藏市场的藏品价格会直线飙升，甚至能够有几十倍、上百倍的获利，但是当经济状况不好时，藏品的市场价值缩水也非常快，所以说非懂莫入！

黄金投资

黄金一直是人们心目中财富的象征，是世界通行无阻的投资工具。只要是纯度在 99.5% 以上，或有世界性信誉的银行或黄金自营商的公认标志与文字的黄金，不论你携带到天涯海角，都能依照当日伦敦金市行情的标准价格出售。黄金作为最佳保值工具，自古受到投资理论和普通投资者的青睐，认为在传统的股票及债券资产以外必须拥有黄金才是最佳策略。特别是在动荡不安的世界里，许多投资者都认为只有黄金才是最安全的资产，所以，投资者都一致把黄金作为投资组合中的重要组成部分。黄金投资形式有五大类：实金投资（即金条）、金币投资、金首饰投资、纸黄金投资、黄金期货投资。投资黄金能赚钱，主要是看升值。金价虽会因国际政治、经济局势而略有起伏，但整体上将是平稳小涨。

如此看来，可用于配置的家庭投资产品还是非常多的。不论选择何种投资，都应警惕其潜在的风险。最好的家庭投资方案，永远都是综合配置的，单一品种的投资不可取。

期货投资

期货交易是指交易双方在期货交易所内，通过公开竞价方式，买进或卖出在未来某一日期按协议的价格交割标准数量商品的合约的交易。期货交易根据交易对象分为商品期货和金融期货两大类。以具有价值的商品为交易对象的期货称为商品期货，商品期货是期货交易中最主要的部分，也是期货交易的基础。可用作期货交易的产品有农产品和矿产品两大类，而以标准化的金融工具为交易对象的期货，就是金融期货。金融期货主要包括外汇期货、利率期货和股票指数三大类。随着金融环境的宽松和加入世贸以及投资者期货交易常识的普及，期货投资将会和现货投资一样成为常用投资方式之一。

4. 别忘了孩子的教育资金

在家庭理财中，下一代教育资金的储备是不容忽视的，尤其是当前孩子的教育越来越被重视，同时教育费用也在不断增长。因此，对于一般家庭而言，从理财的角度，孩子的教育资金必须尽早规划，否则，将来极有可能会措手不及。

对于当下社会的中年人而言，生育年龄相对都比较晚，因此常常是年过四十，孩子还没读完小学。在四十这个家庭收入的高峰期，更应该及早为孩子的未来读中学、大学，做好资金准备。

我们在选择专门针对子女教育资金的理财产品时，应注意一定的特殊性：

这是一项需要长期规划的投资，风险不能高；

必须有比较好的增值速度，这样才能跟上学费上涨的步伐，至少应该能够超过通货膨胀率；

投资还需能灵活变现，比如每年的 2 月和 9 月之前（新学期）开学前可以部分提取（提现）。

教育理财产品有哪些呢？

（1）教育储蓄：这是一种零存整取的定期储蓄存款，小学四年级至高中二年级的学生都可以开立。存期分为 1 年、3 年、6 年。可一次性存入，也可以分次存入或按月存入，本金合计最高限额为 2 万元。因此，3 年期存款每月仅需存入 555 元，6 年期存款每月只需存入 277 元。教育储蓄的利率享受两大优惠政策，除免征利息所得税外，还可以享受整存整取利率。目前，1 年期教育储蓄利率为 2.25%，3 年期为 3.24%，6 年期为 3.6%。

其优点是免利息税，无风险，分期负担小，适合为初中、高中等小额教育费用做准备。

缺点也很明显，主要限额太低。现在家庭一般只有一个孩子，2 万元的最高限额对需要应付大学学费，甚至出国留学费用的家庭而言，就远远不够。

其次，收益率比较低，手续烦琐，流动性差，需要到期支取本息。

（2）教育基金保险：教育基金保险的显著特色是，孩子从一出生开始到 14、15 岁都有资格投保这类险种，然后在孩子上高中开始（有些保险公司规定从初中开始），获得保险公司分阶段的现金给付。这实际上是一种分阶段储蓄、集中支付的方式。

教育基金保险的优点是金额不封顶，家长可以灵活掌握，有钱可多买几份；分期缴款，压力可以在较长的时间内分散。

缺点是这类储蓄型产品的增值速度比较慢，一般预期收益率只有 2.5% 左右。如果家长想以此筹备大额的教育费用，期间缴费也要水涨船高。

"教育基金保险"虽然也有储蓄投资的功能，但更强调的是保障功能，因此并不是一种最有效率的资金增值手段。此外，一旦加入了保险计划，中途退出往往只能拿到较低的现金价值，变现能力比较低。

选择什么样的公司或代理人

在我们选择保险公司或代理人时，一般应该注意以下几点：

首先，选择公司信誉好及实力强的公司，可以通过保监会的相关电话、网站查询。如果是公开上市的公司，更可以通过其公开的财务报告了解其负债情况；

其次，保险公司的偿付高峰通常在前 10~15 年内发生，所以尽量选择经营时间长的公司；

再次，选择长期稳定的代理人，能全面了解你的家庭情况，为你提出合理方案；

最后，选择有金融财务规划技能的代理人。

由于金融市场的波动，今天选择的保险计划不一定是几十年不变的，你的代理人应该在市场的不同时期为你的家庭保障计划作出适当调整，以降低你的投资风险。这一般需要注意以下事项：

选择与家庭现金流匹配的计划。例如收入不高的家庭应将投保重点放在孩子的风险金和教育金上，尽量避免为孩子投保终身计划；

为孩子投保前，应该先给父母投保相应的保障计划；

保险的功能是防范风险，确保资金安全给付，切勿单纯追求高额回报率；

为了确保儿童的人身安全，保监会对 18 岁以下儿童投保寿险保额有一定的限制。一般地区为 5 万元，发达城市为 10 万元，超过部分可能不具备法律保护利益，父母可向当地保险监管部门查询。

教育资金适可而止

在我们生活周围，不少家庭因孩子的学业问题而花费了大量的资金，为了获得更好教育的环境，不惜重金进入重点学校，这里包括小学、初中、高中，为的是学习知识将来在社会竞争中立足。有的家庭更是为了孩子出国求学，不惜花掉所有老本而不顾自己就要到来的退休养老，认为子女教育更重要。错误的观念带来的不仅是自己晚年生活的紧缩，而且给子女也带来了沉重的经济压力。因此说，在经济富裕的情况下提供给子女最好的教育环境无可厚非，对于一般家庭来讲适当减少择校等非刚性支出，鼓励孩子大学期间争取奖学金、申请助学贷款，既培养了孩子的独立生存的能力，也保住了自己的养老金。

5. 高品质养老规划

　　时光如白驹过隙，对于现在战斗在工作第一线的中年人来说，"退休"显得有点遥远，但在繁忙的都市，上班族朝九晚五，"退休"二字倒是充满了无限的遐想和向往。试想一下，不再受工作的束缚，或是去游山玩水、环游世界，或是品茶会友、聊天叙旧，或是承欢膝下、乐享晚年，这样的老年生活真可谓是"无限美好尽在夕阳"。人人都美慕这样的晚年闲暇，但如上文所说，四十岁的财务可不敢掉以轻心，花钱的地方实在多，养老更离不开庞大的资金支持。当大家都在埋头拼命积累财富的时候，你有没有为自己和伴侣想过：若干年后，拿什么养老？

　　如今，无论是在网上还是在现实生活中，流传着这样一句话——"再过几十年，即便资产千万也不够退休养老"，这句话听上去或多或少有些言过其实，但也反映出许多深层次的社会保障问题。考虑到未来几十年后的通胀因素、日常开销、医疗开支、子女抚养等等，这都是一笔笔无法预料且数额巨大的费用，最终留给自己养老的，能有多少？这也为几十年后准备退休的中年人敲响了警钟。落叶归根，这是不变的人生规律。养老已不是一个遥远的话题了，养老金额的多少直接决定了晚年养老的质量，也只有提早开始投资养老，才能真正做到"安享晚年"。

5.1　不可不知的养老现实

我国目前正面临快速老龄化的严峻挑战，不仅老龄化人口多，而且发展速度快，已居全球首位，并快速步入"少生、少死、高寿"的老龄化社会。据《银发中国——中国养老政策的人口和经济分析》调查显示，从 2000 年到 2007 年，我国 60 岁以上的老年人口由 1.26 亿增长到 1.53 亿人，占总人口的比例从 10.2% 提高到 11.6%，占全球老年人口的 21.4%，相当于欧洲 60 岁以上老年人口的总和。如果照这样的速度发展下去，预计到 2050 年，我国老年人口总量将超过 4 亿，到时候会占到总人口的 1/4 以上，老龄化水平会推进到 30% 以上。

这是从整个国家的大背景来考虑，"银发"考验成为不争的事实。如何供养如此多的老人？这不仅是社会问题，更关系到每个人老年生活的幸福指数。并且，在伴随老龄化越来越严峻的同时，家庭结构也在悄然发生改变。一对夫妇赡养四位老人、生育一个子女的 421 家庭大量出现，这就使得赡养老人的压力进一步加大。

如今，空巢老人在各大城市平均比例已达 30% 以上，个别大中城市甚至已超过 50%。随着家庭结构的变化，中国传统的家庭养老方式将面临严峻挑战。除非儿女能有分身术的本事，要不然这 4 位亲人怎么能同时照顾得过来？面对中国的"银发"浪潮，尽早的养老规划是必要的，它应该成为人生理财规划中最重要的一部分。

以前传统的观念是养儿防老，家里没有儿子就像没有顶梁柱一样让人发慌。现在已进入暮年的老人，多在上世纪出生，他们可谓是儿孙环绕，尽享天伦之乐。子女非常多，这样就可以由多个子女共同负担老人的养老问题，不会给一个子女造成太大的压力和负担。

曾经的"春晚"上，一首《常回家看看》唱湿了多少老母亲的眼角。

但是随着计划生育政策的执行，一个家庭只生育一个孩子，这种421的家庭结构成为社会主体，"两个孩子赡养四个老人"的问题会大量存在，再加上年轻人的生存压力、城市化进程中造成的家人异地分居等诸多问题，双方四个老人的负担全部压在两个人身上，孩子就算有孝心，估计也做不了太多，更别说做得尽善尽美了。这样说来，家庭养老恐怕越来越难以实现，"都说养儿能防老"的时代恐怕要一去不复返了。

家庭养老面临严峻挑战。由于社会价值观的变化，靠孩子支持养老费用，提高退休父母的生活质量，这在今后和未来几十年似乎也不可能。中年退休之后，不必操心孩子的住房，不必成为孩子的"啃老"对象，就算是不错的了。所以，中年人应该提前自主准备，为未来的养老问题早做规划，一方面是为了自己能有一个高品质、有尊严的养老生活，另一方面，也为子女减轻养老负担。

谈到养老，很多中年人都认为，"还早着呢，那是若干年之后才需要考虑的问题！"可是他们并不知道，相对于父辈们退休后仍能领取80%的工资，我们这代人，已经没有"退休"这一说了。不工作就等于没有收入！两代人之间关于社会养老保障水平，存在很大程度的差异。

众所周知，我国构建的养老体系主要包括三个方面：由政府主导的基本养老保险、由企业负担的企业年金保险和个人自主的养老储蓄、投资。现在最为大众所熟知的无疑是社保养老体系。对于没有退休的中年人来说，有必要了解另外一组数据：根据测算，35岁左右的青年人，在未来的20年～30年后退休时，养老金替代率可能会下降到40%左右，其保障程度将远低于我们的父辈。也就是说，现在收入越高，退休金与目前收入的反差可能会越大，生活质量的折扣比例会更高，因此，这意味着中高收入者想单纯依靠社保投入来获得退休后的理想收益，难度实在是很大。

至于企业年金，主要取决于所在企业的实力，目前实行企业年金制度的企业仍属少数，因此，大多数人还需要通过购买个人商业养老保险，来为未来的退休生活做铺垫。要想缩短日益拉大的社会保障水平差异，维持退休前的生活水准，必须提早另做养老规划。进一步说，如何能在晚年享受一个有品质、有尊严的养老生活？进入中年，我们只能未雨绸缪，提前规划养老。

5.2　成就高品质养老生活的四大建议

学过经济学的人都知道，时间是有价值的，养老规划也一样，开始时间越早，时间越长，未来就储备越多。打一个不是非常恰当的比方，养老规划就像爬一座陡峭的山峰，年纪越轻的时候爬肯定是越省力。假如我们要爬一座几千米的高山，顺着坡度不陡的台阶上去，尽管这样走的路会多一些，但肯定比像攀岩一样直上直下省力。要想成就高品质的老年生活，必须做一个有心人，从现在做起，及时按照规划实施。积少成多，细水长流，这样，才能安享丰裕的退休生活！

以下是建立高品质养老规划的四大建议：

养老规划要依据职业特点而定

如前文所说，我国社保的保障水平比较低。社保的保障水平是和缴费标准挂钩的，实际情况是，90%以上的企业都是以最低标准来缴费的，只有外企的缴费相对比较高。因此不同行业、不同性质的单位，社会保障水平存在显著的差异。另外，与民营企业、外企不同，事业单位、公务员、军人属于另外一套保障体系，他们的养老保障水平相对较高，养老的压力也就相对较轻。这部分人在社会上毕竟属于少数，大部分人到老年都要面临养老的巨大压力。

中年人制定养老规划，首先要根据自己的职业特点来进行评估，然后依据自身情况，社会保障水平的高低来进一步确定详细的规划。

做好家庭财务规划

在社会上，养老规划的讨论归根到底都是一个"钱"字，有了充足的金钱保障，任何计划都能游刃有余的实现，因此，中年人在制定自己的养老规划时，做好家庭内部财务规划是必须的。

在观念上，涉及以下几方面的认识：

首先是"当下与未来"的关系认识，中年人要承担着来自赡养父母、孩子教育、事业成功、消费攀比等方方面面的压力，会有很多理由回避考虑为自己做养老规划。但是只有看得更远，看到退休后的生活情景，才能把当下的路走得正，才能从当下的焦虑中超脱出来，把各种需求安排得更好。

其次要处理好"享受与责任的关系"，作为夹心族，上有老下有小，家庭责任重，常常不自觉地就会为孩子投入了很多，也竭力为父母的医疗、养老问题操劳，到头来往往把自己和配偶的享受排到了爪哇国。因此，在制定家庭财务计划，可以公平地为自己和配偶考虑一下。

最后，在制定家庭财务规划时，还要考虑"价值与价格"的关系。在选择养老金产品，以及这个产品的提供来源时，要关注产品与个人需求的匹配以及专业建议等服务的价值。总之，在理念上处理好当下与未来的关系、享受与责任的关系、价格与价值的关系，实现家庭财务规划的宏观布局，才能避免因小失大，实现家庭理财的全面、平衡和可持续发展。

规避风险，计划先行

在社会压力不断增大的现代社会，不少人都把"提前退休"作为努力工作的最终梦想。但是提前退休，就意味着更早地停止工资收入，意味着更早地进入一个危险期。面对这种情况，如何规避风险？

我们首先需要算一笔账，那就是中年人起码需要多少钱才可以退休？一般来讲，退休后基本开支会占到之前的 70% 左右，应酬费用会减少，但是娱乐开支会大大增加，比如现代人更有时间去旅游、去享受。医疗费用也会随着年龄的增大而快速增加。目前来说，白领阶层一般的养老生活至少需要 100 万元左右，但是当这一代人真正开始养老，即 20 ~ 30 年后，如果将通胀计算进去，这个数字最少是 200 万 ~ 300 万元。

听上去这个数字很大，就像一种无形的负担和压力，但是算计不到就会出现漏洞。在计划中适当地给自己多留一些余地岂不是更好？

实现自主养老，必须专款专用

目前来讲，在社保外，部分效益好的企业有企业年金、补充商业保险作为养老保障。除了外在的保险，我们更需要自主养老、专款专用，要制定长期的养老规划，选择好投资理财产品。

考虑养老的时候有两个因素：基本费用和长期通胀。中年人在制定投资计划时，首先要具有良好的储蓄观念、开源节流。第二，要设计养老规划，比如定缴保费、定投基金等方式。需要注意的是，虽然商业保险具有不可替代的功能，比如抵御风险、减轻意外事故、医疗的大额费用的压力，但是大部分保险的主要功能是强制储蓄，收益不是很高。这就需要用一些高收益、高风险的品种来平衡，所以，基金、股票的投资最高应占到养老规划的 30% 左右。另外，还有选择房产养老，作为保值、抗通胀的最佳的方式之一，房产也是养老的一个不错的选择。最终目标总归都是一样的，将养老规划做到尽善尽美，提前预警，专款专用。

养老基金的筹集方式很多，在美国，养老储备选择投资基金的比例大一些，其他还有银行储蓄、购买保险，另外也可以投资债券、股票、房地产。在国内，为了储备养老金，究竟应该选择哪些方式进行？这需要考虑自身及社会等多方面的因素，要根据每个人的不同风险偏好进行，还要考虑年龄、性别、收入支出比例，已有的一些准备是否有社保和企业年金，计划什么时候退休，预期的收益率、通货膨胀率，人的预期寿命，等等。最好可以请专业的理财规划师去计算和谋划。就这一点来说，每个家庭与每个家庭不一样，要量力而行，切勿一刀切。

5.3 养老规划有四策

如本章开头所说，既然社会基本养老保险的替代率低、养老基金缺口大，而企业补充养老保险又要取决于企业实力和意愿，目前很多企业也无法建立，那么，个人为了将来的养老该做什么准备呢？

国家理财规划师专业委员会秘书长刘彦斌，在一次接受第一财经日报《财商》采访时表示，个人开始储备养老金的年龄应该在 35 ~ 55 岁之间。进入中年，制定高品质养老规划是明智的选择。从个人层面看，至少有"四策"可以为中年人提供些许建议和参考。要知道，以下四种方法因人而异、因时而异，中年人要把握住这一原则，最终选择最适合自己的储备养老金搭配，制定自己中意的养老计划。

储蓄养老——预防性高，最稳妥

工作于某建筑设计单位的马超，现年 45 岁，尽管离 60 岁退休还有近 10 多年的时间，但他早在 5 年前就为自己和爱人着手准备养老金。马超夫妇有一个女儿，二人年收入在 10 万元左右，父母均为离退休干部，社会保障齐全、收入也不错，基本不用他们操心老人的养老费用。仅有一个女儿，也已经有自己的收入来源，同样不用费心。按理说这样的条件，对于马超暂时已没有什么经济负担，但他依旧表示心存忧虑。

为了让晚年生活更有保障，马超骏选择了储蓄作为筹集养老金的主要方式。"每年存 4 万元，算上利息收益，到 60 岁退休时大概有 60 万元以上，再加上一些公积金积蓄，应该能达到 120 万元，养老应该不成问题了。"这样算下来，马超对自己的储蓄养老还比较满意。他的目标是退休后既不给子女增添负担，又能保持现有的生活品质。

尽管有通货膨胀，购买力下降的风险，但储蓄是传统的理财方法，也更为稳妥，并且有了一定数目的储蓄，为以后一切投资的实现也打下了良好的基础。中年人如果缺乏足够的时间来弥补储蓄不足，而未来可能存在需要增加的情况，靠加大储蓄量来弥补不失为稳妥的方式。

在实施过程中，我们可以开一个或多个银行账户，长期坚持，分散存钱，积少成多。

养老专家表示，在金融投资存在巨大风险和资产泡沫化程度高的情况下，储蓄确实是必要之举。储蓄养老作为人们最基础最通俗的养老方式，对于一些低风险爱好的人士更是不二之选。

投资养老——理性的选择

就职于金融领域的沈先生现年四十岁，经济学专业毕业。因所学专业的关系，他在投资上算是有个内行，与各种投资同步，时刻走在时代的前沿。中间也经历过多次股市的大跌，由于进入股市较早，积攒了许多丰富的投资经验，他的账户金额仍然有不少的盈利。沈先生说："不敢说获取了暴利，至少有不少的收益。这表明，通过投资，准备养老金完全可行。"

沈先生在理财的道路上，深刻体会到理财风险的无处不在，但他依然将这种方式作为未来自己养老的保障和计划，因此，他现在正一步步建立投资组合，在他看来，保证资产长期稳定增值才是最为理性的养老方式。他说："在投资中，不动产具有长期抵抗通货膨胀和实现一定增值的可能性，黄金、原油等实物资产可以降低投资组合的风险并对抗经济周期的轮换，股票、基金等金融资产具有很强的变现性和实现高收益的可能，可以说各有所长，实现了均衡配置，资产就会越安全。"

广泛的投资组合几乎可以包含所有养老方式，但狭义的投资组合一般只是固定资产和金融资产的简单配比，受到诸多因素的制约，要想确保收益在退休后几十年生活同样增值，具有一定难度。

如果我们选择这种方式，则前期需要了解各种投资产品、投资服务、增值空间，根据自身条件制定收益目标和投资策略，需要长期的稳定持有并实施质量监控。

专家认为长期稳定的收益预期，能一步步实现养老金的储备。案例中沈先生所说的投资组合，值得中年人借鉴，尤其是对那些正在积累养老金的人。当然，投资组合法也存在弱点，第一由于市场的变化很快，确保组合的有效性同样需要精力和专业性，理财知识较为欠缺的人士也不太适合；第二要用大量的资金去建立投资组合，收入较低的人士并不合适。

保险养老——最全面，多样搭配

现年50岁的吴红女士，认为自己对投资养老不太熟悉，储蓄养老虽然可行，但她觉得太过于死板，也未选择。经朋友的介绍，她更倾向于利用商业养老保险来规划晚年养老资金的筹集。"投保要趁早"，这是保险理财的要求。早在1997年，王女士不满40岁的时候，便购买了一款递增型终身寿险。当时，购买终身寿险每年需缴纳6000多元的保险费用，连续缴纳10年，在2017年王女士60岁的时候，开始年领1.2万元，且每年5%递增。

　　过了许多年，物价在不断地上涨，加上通货膨胀，缺口似乎又扩大了。因此，吴红女士心里总是不踏实，现在每隔一段时间便会去保险公司看看有没有合适的险种。近年来她又陆续购买了一些分红险，收益虽然不是很高，但好在稳定。特别是这些险种还有一定健康意外的保障，在她看来，性价比不错。

　　目前，中国的保险市场尚不是很完善，保险监管和保单的设计均存在一定漏洞。面对通胀，大多数商业保险的抗通胀功能都很有限，因此，不能把购买保险产品作为养老保障的唯一方式。可以搭配其他理财方式，这样可以锦上添花。

　　这种方式养老比较简单易行，只要选择合适的保险公司，按照投保类型，按期缴纳足够保费即可。

　　吴红女士所买保险是商业养老年金保险的一种，一般是从年轻时开始定期缴纳保险费，到合同约定年龄开始持续、定期地领取养老金。优势是保障性高，缺点是开始得越早、受到通胀、货币购买力下降的影响就越大。分红险收益多少和保险公司的投资收益有直接关系，同样存在一定的不确定性，这一点需提前有充分的认识。

　　作为社会养老保险的有益补充，商业保险在养老保障方面，有其他养老理财品种所不能替代的优势：首先保险养老可以强制自己储蓄。青年人总会盲目消费，冲动消费，花钱难以节制。商业养老保险强制储蓄的功能，恰恰能弥补这一人性的缺陷，更增强了资金使用的专项性。其次，保险养老的回报特别明确。只要确定自己希望在退休后每月从保险公司领到多少养老金作为补充，就可以让保险公司帮助规划并计算出自己需要购买的保险额度和缴费的时间。再次，养老储备是一项长期的理财计划，而通过复利滚存计算收益的分红型养老保险，储备时间越久，理财效果越佳，与"养老目标"较为匹配。

这里需要提醒的是面对市场上诸多"高回报投资"的诱惑，很容易让中年人掉入谎言的陷阱中。特别是有些人为了取得最高的回报，盲目地把所有的可支配资金，放入自己不甚了解的高风险投资项目。这忽略了养老保险的关键原则——首要的是"资金保险"，其次才是资产增值，因此，在采用保险养老时。一定要处理好"风险"与"机会"的关系。

以房养老——保值而又前卫

现年已 45 岁的朱先生，家住发展相对缓慢的二线城市。他的收入属于中等偏上，继承了父母留下来了一套房产，另外自己也有一套 90 平米的楼房。他把暂时用不到的一套房子租了出去，每月收取一定房租。他对自己的养老充满信心，他说："养儿防老早已成为过去时，其实也不想给孩子们增添麻烦。还好，我有两套房，相信养老不成问题了。"

出租房屋需要有一套闲置的房屋，对于部分家庭来说，并没有这个条件。其实除了出租房屋以外，还有一种以房养老的模式，这种模式你只需要有一套房产就可以，被称为"住房反向抵押贷款"或者"倒按揭"，形式是这样的：退休人员可将自己的房屋做抵押，每年从银行取得一定的贷款作为生活补贴。夫妇去世后，房屋首先被用来弥补银行借款及其利息，有剩余时再留作儿女继承。拿房产"倒按揭"养老，这在欧美等一些国家已广泛推广。老人将自己的房产抵押出去而未留给子女，国人恐怕一下子难以接受。近年来国内个别地区也开始推行这一措施，但响应者寥寥无几。以房养老具有一定的可行性，提供了一种养老的方式。对于拥有房产但缺乏其他收入来源的老年人来说，利用"倒按揭"贷款，生前继续居住，银行支付生活费用，保证了退休后的生活品质。缺憾是当老年人过世后，其家人也将失去房屋的继承权。

____Part 9____

心灵规划：谁的心态好，谁就走得远

人到四十，往往是事业到达巅峰的时段，同时家庭、人际交往等各种事情纷繁复杂。在尝尽了世事心酸之后，往往拼的就是一个心态，可以说谁的心态好，谁就走得远。

1. 端正心态，把自己当成凡夫俗子

一个完美主义者所承受的心理压力往往是巨大的，他们总是给自己强加一些非常高的标准，弄得自己苦不堪言。如果制定的标准能够更加贴近真实情况的话，自信心就会恢复，而加诸在自己身上的压力也会得到很好的缓解。解决这一问题的最根本的做法就是从心底把自己当成一个凡夫俗子来看待。

人到四十，随着年龄的增长、阅历的增加、事业的积淀、心智的成熟、以及对卓越的品质的不断追求，四十岁因此也成了人生事业的高峰期，但是，正是这种高标准的要求，完美主义的存在，要求自己精益求精的精神，却常常会让自己不堪重负。

　　"总是要做到最好，总是要做得最多"，这似乎已经成了一个中年人毋庸置疑的生活箴言。绚烂的人生、和谐的伴侣、幸福的家庭、称心的工作……事事追求完美，容不得半点失误。然而，一个追求完美的人内心所承受的压力，却是巨大的。

　　瑞士苏黎世大学的研究人员曾经邀请 50 名中年人做了一个实验，首先以问卷的方式测定这 50 人的完美主义倾向，然后再要求他们用 10 分钟的时间准备一次面对 2 ~ 3 名考官的求职演说。最后，研究者还要他们从 2083 开始，每隔 12 个数字向下数一个数字，一直数到零为止。中间如果出现错误的话，就要重新开始。

　　测试完成后，研究者对这 50 人分泌的唾液中的应激激素皮质醇含量、心律、血压以及肾上腺素和降肾上腺素水平做了测量，结果发现完美主义倾向越严重的人，分泌的应激激素就越多，相应的心理压力也就越大。同时，这些完美主义者在测试的过程中还显露出一些"生机衰竭"的迹象，比如疲劳、急躁和信心受挫等负面情绪。

　　从这个实验我们可以看出，一个完美主义者所承受的心理压力是多么巨大，他们总是给自己强加一些非常高的标准，弄得自己苦不堪言。研究者称，如果这些人制定的标准能够更加贴近真实情况的话，他们的自信心就会恢复，而加诸在自身上的压力也会得到很好的缓解。可是，怎么样才能走出一个完美主义的误区呢？

　　最根本的做法就是从心底把自己当成一个凡夫俗子来看待。很多人并不愿意承认自己是凡夫俗子，总认为自己高别人一筹，但即使真是如此，也会出现所谓"智者千虑，必有一失"的情形，因此，我们每个人都是凡夫俗子，至少我们会在有的时候是凡夫俗子。承认了这一点，则意味着你会全面给自己所有期许降低标准，给自己留下了足够的容错空间，给不完美留下空间。这看似消极，却是人生中的大智慧、大积极。

　　自身、孩子、情侣、工作、房子、家庭、交际，我们日常所付出和需求的，无非就是这些。那么，不妨记下自己所期待的情形，然后从各方面适当地降低一下标准，或者留给自己多一些的时间，平时早点离开办公室，对自己的另一半也少提一些要求，将日程安排得灵活一些，从各个小方面做起，就能很好地调整自己的状态。

　　很多完美主义者总是无法去正视自己的缺点和错误，其实，这些既是人生的一种经验，也是我们成长的过程。对自己的要求过高不仅会成为自己的枷锁，对别人来说也是一座监牢。不断地自我监督、自我反省，完美主义者总是让自己置于不断的害怕和失望中。但是反过来观察一下，那些不完美的东西反而会使我们周围的事物更容易处理，更充满温情。其实，很多时候，一个人是可以犯错误，也可以脆弱的，一个人无法要求自己处处完美，因此，一定要用正确的态度对待自己的缺点和错误。

　　完美主义者对待事情的态度总是很极端，所以他们的结局也无非两种，或者成功，或者失败。这是两个非常单调的色彩，那么，如何在这些单调中加入一些新鲜的东西呢？作为一个完美主义者，可以尝试着去改变一下自己的字典，尽量少用一些太"绝对"的词语，在看待同一件事情的时候，也可以从不同的方面去考虑。比如，你成功地组织了一场演出，虽然这场演出和最后所要体现的主旨不同，但是你在演出中认识到了自己的能力，也享受了快乐，这些不就足够了吗？所以，不要总是在对与错之间纠缠，要多给自己的内心找一个"出口"。

　　其实，对于一个完美主义者，最难的就是放弃。但是为了快乐，我们可以试着去放弃一些并不重要的东西，接受不完美，才是制造快乐的法则。尝试着去"做得更好"，而不是永远去追求最出色的，在平时多停下来去观赏一下路边的风景，享受难得的欢愉时光，这不是更好吗？

世界上没有一个人是真正完美的，所谓的完美主义只不过是很多人在奋斗中的最终目的，只是一个信念。为了实现这个信念，他们披星戴月、奋发图强，也正是这种信念，让很多人走到了成功的彼岸，但也有很多人走上了另一个极端。

经过几十年的岁月洗礼，一个四十岁的人应该明白完美主义并非完美，那只是一种高度，只有认清了这个问题，自己才会变得轻松。

2. 莫让心病停留

岁月的无情流逝，带走了青春年华，给每个中年人带来的是心理的急剧变化，曾经的浪漫与激昂，曾经的梦想与信仰，都渐渐地演变成了孤独、嫉妒、消沉、颓废、愤怒、紧张……这些挥之难去的"心病"，往往会影响生活的不同环节。及时用欢乐的情绪去化解，笑对人生，我们的生活将充满阳光。

岁月如梭，转眼之间已到四十岁，来到了人生的中场，还有很多宏图壮志未能实现，有还很多美好的憧憬依旧渺茫，但是，不觉间我们又要步入夕阳……当两鬓间的霜花已然泛起，当额头幻化出时光的足迹，蓦然回首，我们才发现年轻的岁月已经在悄悄地远去，我们不免要在心头暗暗地感叹自己已经青春不再。

在对岁月流逝的惆怅中，每个中年人的心理也都在发生着急剧的变化，曾经的浪漫与激昂，曾经的梦想与信仰，都渐渐地演变成了孤独、嫉妒、消沉、颓废、愤怒、紧张……这些状态我们可以称之为中年人的"心病"。

　　如果以四十岁为界限把人生分为两个阶段的话，那么，四十岁之前的人生就是一个不断增长的过程：升学、就业、晋升、成家、生子……而四十岁之后呢，却好像突然成了一个不断失去的过程：健康退化了、子女长大离家了、事业发展缓慢了、婚姻出现危机了……这一切都让一个中年人产生了困惑了感觉，无法做到孔子所说的"不惑"。

　　四十岁的人，事业有成的担心自己突然哪一天会失势了，担心会被年轻人超越，于是继续拼命地加班干活；一个四十岁的人，就算没有成功的事业，还希望能够有力气再奋斗一把，再吃上几年苦，说不定运气来了，自己也能大富大贵呢！

　　四十岁的人，上有父母要奉养，下有孩子要教导，公司家里，片刻不停地奔波着，希望能给他们最好的生活。

　　四十岁的人，朋友越来越少了。即便是结交一个新朋友，也总希望自己能够摆脱掉功利的目光，用更加富有人情味的方式去相处。然而，"天下熙熙皆为利来，天下攘攘皆为利往"，没有利益可图，谁会和你做朋友呢？

　　四十岁的人，身体已经大不如前，各种疾病就像一个个调皮的顽童一样，跟在你的屁股后面死活也不肯离去。

　　四十的男人老了，四十岁的女人红颜凋零。风风雨雨几十年的婚姻生活，就算没有浪漫的抒情、没有童话般的梦境，没有像蜜一样甘甜，也相知相守地走过来了，可是，却在最应该携手相伴的时候，婚姻危机也紧跟着来了。

　　四十岁了，我们或许会感叹年华的不再，每每沉醉在对往事的回忆里不能自拔；我们或许会抱怨社会的不公，为什么同样的事情别人做了对而自己做了就是错呢；我们或许为感情困扰，认为自己已经没有能力去把握了；我们或许会因为没有给子女一个良好的环境而自责，或许会为没让自己的父母安享晚年而愧疚……

世上不如意事十之八九，那我们为什么就不能想想另外的一二呢？生命终究是会老去的，在我们还有能力去把握的时候，以一颗积极、健康的心态来面对生活，面对所有的不公，面对一切的困难与困惑，消除这些烦人的"心病"，那么，我们周围的天空依然还是那样的明媚与广阔。

那么，怎么样才能让自己摆脱掉这多种心病呢？所谓心病还要心药医。这个心药就是从心底笑对这中年的人生，为强压下的心灵松绑。

有这样一首小诗：我不能左右天气，但可以改变心情；我不能改变容貌，但可以展现笑容；我不能控制别人，但可以掌握自己；我不能预知明天，但可以利用今天；我不能样样胜利，但可以事事尽力，快乐就是一种流动的空气！也有一位诗人说过："笑是午夜的玫瑰，是人类的春天。"笑，是人类最生动的表情。

笑对人生，是一份真正地豁达与超然。正是因为我们四十岁的人生有着太多的责任和义务、太多的应酬和烦恼，就如生活中，我们常常遇到当我们坚持正义、抗击邪恶的时候，有的人却偏要颠倒黑白，这个时刻的我们万不能生气，不妨把嘴角抿起来，笑着来看他们：他本身就站在黑里，所以在他的眼里黑的才会变成白的，而白的又变成了黑的。

笑对人生，有时候也要学会认输。举个生动的例子，假如一个人被狗咬了一口，他心里气不过，非要把这只狗也咬上一口。想一想，狗的本性就是咬人，而一个人去和狗对着咬，这算怎么回事呢？倘若这个人真的去和狗咬，非但自己的气出不了，结果还会被狗多咬几口，自找倒霉，所以，该认输的时候就得认输，认输不是懦弱无能的表现，而是一种大智慧。

笑对人生，还要懂得适可而止。"明知山有虎，偏向虎山行"，说得好听一点，这是勇气可嘉，说得不好听，就是逞匹夫之勇，意气用事。

这样的道理人人都懂，但是做起来却没有那么容易，关键还是放不下自己的面子。该抽身时就得抽身，这才是一个聪明人的作为。

其实，笑对人生就是笑对眼前的得失，它是一种积极的人生态度，也是一个强者的人生哲学。冰心说过："快乐是一抹微云，痛苦是压城的乌云。"所以，当痛苦与厄运降临的时候，千万不要被击退，试着给自己一个微笑，那么，在下一个春天来临之际，我们的世界依旧会繁花盛开。

笑对人生，是一个人对人生的明朗态度，是真正地看透世事的超然物外，是"是非成败转头空，青山依旧在，几度夕阳红"的磅礴大气，也是"一壶浊酒喜相逢，古今多少事，都付笑谈中"的豁达通透。所以，从这一刻起，无论我们遇到多少艰难险阻，都不妨开始用笑容来面对，用豁达的心态去解决，那么，那些困难还能算是困难吗？就让我们以积极的心态去笑对人生，用超然的胸怀来面对生活，让困难在笑声中坍塌，让心灵在笑声中豁达，让理想在笑声中坚定，让生命在笑声中升华。

如此一个明朗的心境出现了，心病还哪有存留的空间？

3. 有舍才有得

舍与得就如水与火、天与地、阴与阳一样，是既对立又统一的矛盾体，相生相克、相辅相成，存于天地、存于人生、存于心间、存于微妙的细节，囊括了万物运行的所有机理。万事万物均在舍得之中达到了和谐、统一。要得先须舍，有舍才有得。舍得既是一种生活的哲学，更是一种处世与做人的艺术。学会舍得，还生活一个潇洒、一个自如。

当你站在这个山头，觉得另外一个山头更高、更美的时候，你要做的第一件事，是走下这座山头；舍不得，你就很难走上另一座山。舍得、舍得，不舍不得。舍得，便是人人为我、我为人人的人生境界。舍得还是一种时空的转换、精神和物质的交流、人情和礼节的传达。

作为一个凡夫俗子，我们有着太多的欲望，包括对金钱、名利和情感。这没什么不好，欲望本来就是人的本性，也是推动社会进步的一种动力，但是，欲望又是一头难以驾驭的猛兽，它常常使我们对人生的舍与得难以把握，不是不及，便是过之，于是便产生了太多的悲剧，因此，我们只要真正把握了舍与得的机理和尺度，便等于把握了人生的钥匙、成功的门环。

其实，我们每天都面临舍得的两难抉择。"不舍不得，小舍小得，大舍大得"的道理，固人所共知也，然知易行难，"舍"的不菲成本和"得"的不确定性，使很多人选择了索取而非给予、悭吝而非大器、保守而非涉险。

我们不可能鱼和熊掌兼而得之；既不愿舍去、而又想占全所有好处，其结果或许是什么都得不到。就像手中的沙子，越是想把它攥紧，从指缝间流失的沙子也就越多；如果抛开功利心、心甘情愿、积极主动地去舍，不仅于己更为开心，而且，往往还能得到意想不到的收获。

那么，如何才可以在舍与得之间做到平衡呢？我们可以从下面几点去做。

该舍就要舍

飞速行驶的列车上，一位老人不小心将刚买的新鞋从窗口掉下去一只，周围的旅客无不为之惋惜，不料老人毅然地把剩下的一只也扔了下去。众人大惑不解，老人却从容一笑："鞋无论多么昂贵，剩下一只对我来说就没有什么意义了。把它扔下去，就可能让拾到的人得到一双新鞋，说不定他还能穿呢。"

老人在丢了一只鞋后，毅然丢下另一只鞋，这便是成熟而理智的表现。一般来说，人们总是飘飘然于拥有的喜悦，而凄凄然于失去的悲伤，老人却以从容的达观之态，超越于世人之上。的确，与其抱残守缺，不如舍去，或许会给别人带来幸福，同时也使自己心情舒畅。老人这种舍得的做法令人顿生敬意，也值得我们深思。

吃亏是福

几乎所有的人都怕吃亏，但在日常生活中，我们也经常发现和体会到有时候越是不肯吃亏，越是可能吃亏，不但吃亏，而且往往还会多吃亏，吃大亏。唯有不计较吃亏的人，才会真正有福。自古就有"吃亏是福""吃一堑长一智"的说法。但对于其中的道理似乎有很多人还没有真正理解，或者只是表面上一知半解，实际行动起来却大打折扣。

吃亏，虽然意味着舍弃与牺牲，但也不失为一种胸怀、一种品质、一种风度。贪心的人，总是费尽心思去算计别人，在其热情、仗义与关切的伪装背后，更多的是肆无忌惮地对别人的进攻与伤害。不怕吃亏的人，才会在一种平和自由的心境中感受到人生的幸福。

世界上没有白占的便宜，爱占便宜者迟早要付出代价。有的人见好处就捞，遇便宜就占，即便是蝇头小利，见之亦眼红心跳手痒，志在必得。这种人每占一分便宜，便失一分人格；每捞一分好处，便掉一分尊严。天底下也不会有白吃的亏。从某种意义上说，乐于吃亏是一种境界，是一种自律和大度，是一种人格上的升华。在物质利益上宽宏大量，在人际交往中尊重他人，抬举他人。如此这般，以吃亏为荣为乐，势必赢得人们的尊重和抬举。

任何一个有作为的人，都是在不断吃亏中成熟和成长起来的，并从而变得更加聪慧和睿智。一旦吃亏便愁肠百结、郁郁寡欢，甚至捶胸顿足、一蹶不振，受伤者只能是他自己。

世间万物，凡有所舍，就能有所得。一盆花，如果你"舍"不得剪去枯枝败叶，它就无法长出嫩叶、发出新芽、开出鲜花。舍得，并不是纯粹为了舍弃而舍弃，有时往往为了得到而有必要先放弃，即"欲于取之，必先予之"。以舍为得，舍小得大，妙用无穷。

舍得，是一种精神；舍得，是一种领悟；舍得，更是一种智慧、一种人生的境界。要得便须舍，有舍才有得。当一切尘埃落定，当一切归于平静，我们才会真正明白，舍得其实也是一种美丽的收获。

4. 控制自己的情绪

人到中年，悲伤、抱怨、各类恐惧等情绪不免时常光顾我们。它们好像魔鬼一般，往往会引领我们走向错误的陷阱，甚至给本应幸福的生活带来灾难。及时宣泄情绪、控制情绪，是使生活走向正轨，走向阳光的绝招。

4.1　愤怒是魔鬼

愤怒是一种非常有害并且极具破坏力的情绪，它不仅能够摧毁我们的健康，同时，它还会扰乱我们的思考，给工作和事业带来不良的影响。在各种不良情绪中，愤怒对人体的危害最大。医学研究发现，愤怒的情绪对人的身心健康是不利的，人在愤怒时，由于交感神经兴奋，心跳加快，血压上升，呼吸急促，所以，经常发怒的人就很容易患上高血压、冠心病等疾病。

此外，在一个人愤怒的时候，由于情绪处于失控状态，还可能引发其他不理智的情绪，比如：自以为是、自尊受损、好下结论等，这些都可能使事态向更严重的方向发展，甚至会对别人造成伤害，因此，于己于人愤怒都不是什么好事。

那么，平时我们又该如何面对愤怒？如何面对愤怒给我们的生活和工作带来的后果？如何面对这个魔鬼呢？不妨试试以下方法：

通过自己的意志力控制愤怒，使愤怒的情绪尽可能少发生，或者有愤怒的时候忍住不发作；

努力控制自己的情绪，当愤怒的时候多想想盛怒之下失去理智可能引起的不良后果；

不断地提醒自己"不要发怒"，这样可以很好地起到控制愤怒的作用；

平时将心中的愤懑和不平向人倾诉，从亲朋好友处得到规劝和安慰，也可以很好缓解怒气；

向使自己愤怒的人平静地说明自己的不满和意见，尽量使矛盾得以调和；

避免接触使自己发怒的环境，减少愤怒情绪，或者是在即将发怒的时候通过转移注意力的方式来避免愤怒；

尽快离开当时的环境，避免进一步的刺激，使愤怒情绪自然消退。

有一位哲人说过："心若改变，你的态度跟着改变；态度改变，你的习惯跟着改变；习惯改变，你的性格跟着改变；性格改变，你的人生跟着改变。"所以，面对愤怒最好的方法就是将它抛弃，就像对待装满子弹、已经上了膛的枪一样，把它举起来，然后再把子弹卸下。一定要记得，愤怒是魔鬼，一旦被魔鬼蛊惑了的话，就势必要付出惨重的代价，只有我们掌控了自己，才会有更多的时间去思考问题，去理性地做出判定，而不是鲁莽从事，让自己纠缠在各种无休止的困扰中。

有涵养的人并不是不生气，只是他们会自我排遣，使自己迅速地消气。因此，一个中年人应该更加成熟，更能控制自己的情绪，在我们的眼里，战胜愤怒就像是战胜了一个强大的敌人一样。让我们远离愤怒，用微笑去面对生活。

4.2　悲伤不过度

尘世难得开笑口。每个人的一生中，都会经历这样那样的悲伤和失落，比如远走他乡时，我们会感到黯然伤神；失去心爱的人时，会觉得痛苦不已；离开自己喜欢的朋友，也会悲伤心碎……可以说，悲伤是一种因失去而导致的孤独感和被隔离感，是因精神打击而产生的情感体验。悲伤总是会对我们的生活产生很大的影响，甚至还会影响我们的生理和健康。

悲伤常常表现为睡眠失常、精神恍惚、心不在焉等，一个人在悲伤的时候就无法专心地去做事情，老是唉声叹气，甚至还会独自抽泣，而过度的悲伤则会对身体造成危害，如神经质、忧郁、持续的恐惧、梦魇、和失眠等，有时候还会出现头晕头痛、消化不良、呕吐等症状。科学研究表明，过度的悲伤还很容易导致抑郁症。

每个人都会有悲伤的时候，但悲伤过后，生活还是要继续的，总是沉浸在悲伤中不仅影响正常的工作和生活，对健康也不利。那么，怎么样才能摆脱这样悲伤的情绪，重新获得面对未来的能量呢？

美国的学者曾经对几百名男女分别做了研究，结果发现：在他们痛快地哭过以后，自我的感觉就会比先前好了很多，而且健康状况也有了很大的改进。这是因为在悲伤时流出的眼泪里，含有更多的荷尔蒙，而人由于悲伤所引起的毒素，则通过眼泪得到了排泄。所以，在悲伤的时候不妨让自己痛快地哭出来，尽情宣泄，过分地压抑只会对健康造成更大的损害，还会促使疾病恶化。

一个人在受到别人伤害后，就很难再相信别人，除非是自己的知己。知己既是自己心灵的影子，也是心灵停泊的港湾，和知己在一起就会有一种心理的归属感。所以，当我们悲伤的时候，不妨向自己的知己倾诉，他不会对你的处境进行羞辱和批评，对于你的隐私，他也会守口如瓶。一个难得的知己和良好的倾听者，总能给我们的心灵带来抚慰，让我们的悲伤得到释放。

另外，面对悲伤，我们可以让自己变得忙碌起来。心理学家建议："如果你有工作的话，就继续把它做下去；如果没有，那就尽快去找一份。就算是要照顾孩子，也不能耽误工作。"这话是很有道理的，忙碌的日常生活会让我们暂时忘记悲伤，也可以让我们的生活重新变得稳定。

记住，在你悲伤的时候，身边所有的朋友都会安慰你的，因此一定要坚强。就算暂时快乐不起来，也应该让自己平静下来，去冷静地看待这件事情，用平和的心态把其他的事情处理好，相信用不了多长时间，你又会笑逐颜开了。

世上最悲伤的事情，莫过于和亲人朋友之间的生死离别。但是对一个中年人来说，世上还有什么过不去的坎儿呢？四十岁本身就是一道坎儿，我们既然已经走到了这道坎儿上，就要用愉悦的心情去对待它，对待自己所遭遇的不平与悲伤。只有笑对生活，生活才会更有质量。

4.3　遇事不抱怨

生活是公平的，它从来就不会偏向哪个人。它给每个人以机会，给每个人以烦恼，给每个人以困难，所以，芸芸众生就有了"不如意之事十有八九"之叹。但是有的人就会常常去看看那如意的"一二"，有的人，却只盯着那"十有八九"喋喋不休，怎么也走不出来。于是，他为打翻的牛奶哭泣，为错过的太阳哭泣，为错过的星星哭泣……生活在他眼里成了一片灰暗，并且终生都生活在灰暗之中，好似阳光从未照临过他的心田。

现实生活中有些人就是这样，只会一味地去抱怨命运的不公，却从来不肯去正视自己的所作所为。抱怨就像是生活的包袱，每天背着这样的包袱就很难去发现生活的乐趣与幸福，而抱怨也是人性中的一种自我防卫机制，一个人一旦养成了抱怨的习惯，不仅对别人没有益处，对自己也是有害无利的。仔细想一想，有哪一种生活是真正完美的呢？其实，我们只要能够做到不抱怨，很多复杂的事情就会变得简单许多，自己的心理也会变得更加健康。那么，怎么消除自己的抱怨呢？

首先，要纠正掉自己的错误观念和观点。我们任何人都不能够对别人抱有太过分的要求，就算是自己最亲近的人，他们也没有义务来满足你的一切。古人说："己所不欲，勿施于人。"其实，生活的真谛在于付出，而不是一味地去要求回报。

每个人都有自己独立的思想，对于周围的环境，我们没有能力去主宰，那就必须要对自己的情感和生活负责。想一想，如果一个人把自己的命运交给周围的环境、交给运气的话，那么，他还有什么独立性呢？

其实，一个人之所以会产生抱怨的心理，关键就在于这个人的思想修养和认知方式。当你抱怨的时候，想一想你是否只是从个人的意愿出发来考虑问题，你的思想是否全面、是否偏激。要想消除一个人的抱怨心理，最重要的就是要学会自我控制和自我调节，只有自己把问题想透彻了，才能从根本上消除抱怨的心理。

生活不会让我们事事满意的，只要我们肯换一个角度去思考同样的问题，抱怨也就不存在了。当我们把抱怨的包袱卸下来的时候，才会发现原来生活中有那么多的美好都被我们忽略了。其实，生活本身就是最大的幸福。

道家说："何谓道？道即平常心。"只要我们能用一颗平常心去化解心中的抱怨，就会感受到生活的美好。有一位哲人曾经说过："假如你被狗咬了，难道你也要反过来去咬一口侵犯你的疯狗吗？"所以，怀着一颗平常心去生活，这样才能减少不必要的抱怨和牢骚。尤其是对一个中年人来说，我们还有多少时间去抱怨，我们还有多少事情值得抱怨？让自己更加理智地去生活吧！

4.4 消除恐惧心理

我们每个人都有自己惧怕的事情或者情景，俗话说得好："一朝被蛇咬，十年怕井绳。"很多人在受过刺激以后，就会在大脑中形成一个兴奋点，当以后再遇到同样的情景时，就会唤醒过去的经历，从而产生恐惧的感觉。

恐惧是一种很重要的心理反应，这种心理不利于健康，是非常消极的情绪。恐惧心理也往往伴随着紧张、焦虑和苦恼，使人的神经处于一种高度紧张的状态。恐惧不仅仅会让人的意识变得狭窄，还会降低判断力和理解力，甚至让一个人丧失掉理智和自控能力。心理学家认为，一点点的恐惧会影响健康，但是当恐惧心理加剧到某种程度时，或者是达到变质的时候，就会变成病态了。

生活中有很多这样的人，别人不怕的事情或者情景，他就特别地害怕。尤其是人到四十以后，似乎车、房、钱财等一切等都拥有了，但是随着拥有的东西越多，却开始越来越害怕失去，患得患失的心理更加严重。往往拥有的越多，就越恐惧失去，尤其当挫折降临的时候，少了以前的年轻气盛，多了人到中年的犹豫不决。尤其是在面对我们曾经失败过的地方，曾经的挫折就像一个经过时间不断膨胀的老虎一样站在了我们的面前，让我们颤抖不已。

可能很多人羞于承认自己这种感受，觉得已经是四十岁的人了，还对挫折存有恐惧是一件很丢人的事情。其实不然，不管人到了什么样的年龄，都需要不断完善和成长，恐惧是一个与人的生存如影相随的情感，什么时候的人们都会有恐惧感，比如小时候对"鬼"的恐惧，长大后对"爱"的恐惧，对自我的恐惧，年老后对死亡的恐惧等，只是年龄不同恐惧的内容也不同而已。因此，我们需要做的，就是如何来战胜这些恐惧，消除这种恐惧心理。

首先，应该找到自己的优点，培养自信。自卑也是恐惧的表现，提升自信就要找到自己的长处，拿自己的长处去和别人的短处相比，慢慢地就会改变对自己的看法了。同时，还要把自己的注意力转移到感兴趣的事物中去，让自己多参与一些活动，多收获一些成功和喜悦。

其次，还要扩大自己的知识面。我们对周围事物的认知能力提高了，扩大了视野，确立了正确的目标，才会对可能发生的各种变故做好充分的思想准备，增强自己的心理承受能力。另外，还可以向自己的偶像学习来激励自己，学习影响人物的事迹，学习他们勇敢顽强的精神，同时也培养自己乐观的人生态度。

必要的生活磨炼也是战胜恐惧的有效方法。在生活中，为了培养自己顽强的作风，可以去一些艰苦的环境下磨炼自己，也可以加强自己的心理训练，提高自己的心理素质。这样即使遇到再险恶的情景，自己也能做到沉着冷静，机智应对了。

步入中年以后，我们所拥有的时间已经越来越少。因此，不要再为某一次的接人待物欠缺周全而自怨自艾，也不要再为一件事情没有做好而烦恼，不要惧怕，也不要放弃，以一颗平常的心态去面对世事的纷杂与困扰，给自己的心灵一片安静的乐土。

4.5 宣泄有招

不管是人还是动物，在遇到一些不顺心的事情时，都会本能地做出一些不理智的行为来发泄自己的情绪，以求心理的平衡。然而发泄的方式不当，就会对别人造成伤害。

在生活中，当我们遇到不顺心的事情时，性格开朗的人会把它们说出来，而性格内向的人则往往憋在心里，一个人生闷气。久而久之，就可能引起心理疾病，严重的还会导致身体的疾病，比如高血压、冠心病、偏头痛等。那么，怎样宣泄这种不良情绪，才能保证身体和心理的健康呢？

首先，一定要学会倾诉。当遇到不开心的事情时，不要把不良情绪压抑在心里，找几个知心的朋友，一起聚一聚，把心理积郁的消极情绪倾诉出来，以得到别人的同情、开导和安慰。

音乐对治疗心理疾病有特殊的作用，通过听一些不同的乐曲就能把人们从不同的病理情绪中解脱出来，而高声歌唱更是排除紧张和激动情绪的有效手段。当你把不满情绪积压在心里的时候，可以通过唱歌来缓解情绪。

一个人情绪不好的时候，内心总是十分地激动、烦躁、坐立不安。这时可以试着让自己静下来，比如观赏一下鸟语花香，默默地侍花弄草，或者挥毫作画、垂钓河边，于是，一种清净雅致的态度来平息心头的怒火，排除心里的压抑。

哭是人类的一种本能，是发泄不愉快心情最直接的手段。短时的痛哭是释放不良情绪最好的方法，人在流泪的时候还会产生高浓度的蛋白质，对减轻和消除我们的压抑情绪有很好的作用。

其实，一个人之所以会产生不良情绪，很大程度上和自己的心态以及人生态度有关。一个自得其乐、豁达开朗的人，往往就不会让情绪影响到自己。

在生活中，只要我们自己的心态平和一点，不去争一些无所谓的东西，不去为一些小事烦恼和气愤，不去为生命的不公而抱怨，不去为失败而气馁，那么，那些不良的情绪还怎么能够影响到我们呢？

5. 无聊是一种想有欲望的欲望

无聊在我们的生活中司空见惯，但无聊并非什么都不想做，相反它是一种欲望、一种想有欲望的欲望。既然如此，解决无聊的办法，就是用情趣和爱好充实自己。不要让秋阳般的人生被无聊所消磨殆尽。

著名学者周国平曾说过：无聊是一种想有欲望的欲望。意思是说，无聊并不是什么都不想干，而是想找到自己想干的事情，却又难以找到的状态。因此，解决无聊的办法，就是多多培养各种兴趣。

人到中年，在我们每日应对的生活工作中，会遇到有意义的事，会遇到有意思的事，会遇到既有意义又有意思的事，但也会遇到些推不开、甩不掉的琐屑无聊之事，犹如夏日遭受蚊虫的叮咬，不至于大痛但确实闹心。

当我们终日皱着眉头去应对这些事情时，恰是痛苦无聊之感开始在心底蔓延的时候。长此以往，我们将有可能成了慵懒、疲顿、了无生趣的人。所以人活着不能只是工作，更不能只去应对这样一些工作。活着是生活，生活就应该是生动地活着。所以在工作之外我们每个人应该找到适合自己的生动的活法。

比如工作之余，尤其当无聊来袭时，我们可以去读喜欢的书，写写想写的文章，总之要为自己的情绪释放找到了一个最合适的出口，人的心灵确实需要诗意地栖居。清晨起来你可以到阳台看看你养的花；晚饭后，你可以外出散散步；周末你可以带着老婆孩子去爬山；你可以推掉所有的饭局，无任何目的地、不看他人颜色地、无拘无束地吃一顿……

每个人都是由一个"物质的自己"和一个"精神的自己"构建而成。这个"物质的自己"，姑且叫作"现世的自己"，这个"精神的自己"姑且叫作"出世的自己"。现世的自己要工作，要挣钱，为自己，更要为他人。这期间所遇之事不管你喜欢还是不喜欢，愿意做还是不愿意做，你都得去做，这时人是理智地活着，功利地活着。这时的人也会有成就感，但是否有发自内心的长久的幸福感，这是不一定的。因为人还有一个精神的自己，即出世的自己，只有这个精神的自己获得了真正的满足，人才会有长久的、发自内心的幸福感。因为从人性的归属角度讲，人首先是属于他自己的，其次才是属于他人的。当一个人挣得了金钱，可以供家人享用，他会获得成就感；当一个人为别人付出了时间精力，他获得了道德的褒扬，他也会有成就感。试想人的一生都是在为他人而活，他是否会有真正的人生快乐？他在某一特定的时刻，是否也会有深深的失落感？我觉得真正的人生快乐和幸福感，是看这个人在多大程度上为自己而活，这不能单纯用世俗的道德观念来评判为自私。因为心灵的快乐源自没有功利目的地去干你喜欢的、你愿意干的事，不管所干之事大还是小，即便这样的小事，累积起来也会收获许多内心的幸福。

正如人们总喜欢去怀想自己的童年时代，觉得童年无限的美好，童年的美好不关乎物质，那是因为童年的自己还不是一个社会人，不需要背负责任感，做事还不需要理智战胜感情，可以率性而为，率真地为自己而活，那完全是一个精神的自己，一个出世的自己。如果说童年是精神的自己，那么中年就是物质的自己与精神的自己冲撞之时。

处在人生的中年，物质的自己与精神的自己经常发生冲撞，倘能在无聊来袭时，寻到人生的趣味，让二者和谐共生，我们一定能活成一个生动的自己。

6. 人生处处是起点

很多人到了中年，都以为人生该到了定局的时刻：该成功的都已成功，不成功的就再也不会成功；到达了事业的顶峰，再无走下去的动力，因为失败，从而一蹶不振。当你拥有这样的心态时，你需要看到的是人生的旅途中，不一定总是沿着一个方向、一个目标前进，新的起点随时可能出现，可以说，人生处处是起点。

初春，当大地的所有生命都在迎接新的一年时，有一棵老树，却在默默地等待生命的终点。

一个小女孩走过，很伤心地对爸爸说："爸爸，它要死了。"爸爸笑笑，抚着孩子的头："孩子，你看！"原来已枯的树枝上，一茎嫩芽迎风舞着，泛着鹅黄的叶子上还沾着一颗颗晶莹的露珠，在阳光下熠熠生辉。爸爸望着惊喜之余仍露一丝不解的孩子，微笑着说："它虽然枯萎了，但另一个新生命又出现了。生命是不息的。就像跑道上的起点与终点，是永远相连的，你以后就会明白的。"

起点与终点是相连的。好精辟的想法！

这不就与人生是一样的道理吗？

起点之于人生，犹如源头之于长河，嫩芽之于大树。长河虽只有一条，大树虽只有一棵，可源头、嫩芽是很多的，所谓万涓成河，千芽满树。人生的归宿虽只有一个，但人生路上的起点却是很多的。从任何一个正确的起点走下去，都有可能柳暗花明，走出一条光明的大道，走向成功的顶点。

在现实生活中，很多人到了中年，都以为人生该到了定局的时候了，有人认为该成功的都已成功，不成功的就再也不会成功。有人认为自己已经到了顶峰，再无走下去的动力。还有的人因为失败，从而一蹶不振。总之，各有各的理由。

当你拥有这样的心态，你需要看到的是人生的旅途中，不一定总是沿着一个方向，一个目标前进，新的起点随时可能出现。"路漫漫其修远兮，吾将上下而求索"，这是屈原另寻救国之路的起点，"安能摧眉折腰事权贵"，这是李白走向辉煌的起点，"苟利国家生死以，岂因福祸避趋之"，这是林则徐流放后选择的起点。有时，人生的命运是不以人的意志为转移的，不能因一条道路堵死，而沉沦，而自暴自弃、一蹶不振。

每天，我们都在迎接新的开始。生命中处处是起点，亦处处是终点。飘零的花瓣告别了夏花的绚烂，却迎来了秋果的累累。东方欲晓之时便是今天的起点，亦是昨日的终点。甚至每时每分，都会是一个生命崭新的起点，需要你我以十二万分的热情来迎接；它也会是往昔的一个终点，需要你我坦然地挥手向它告别。

当你的生命之舟驶入泥泞不堪的沼泽，你应当这样鼓励自己：苦难的起点与通往成功的大道是相邻的；当你振作起士气，耳畔听到来自心灵的号角，那就预示着你的苦难即将过去，蔚蓝的海洋与明朗的天空即将回到你的视线之中。

当你的生命飞船飞抵了深邃蔚蓝的太空，你也该这样告诉自己，飞离太空的一刹那，你就不再拥有成功的光环了，在你面前的是一个更新、更高的起点，谁也无法永远沉湎于成功之河。你应该清醒地知道：你仍需要不断向前。

人生本来就在起点与终点的旋涡中回转。更多的时候，成功或是失败都只是一个生命中必经的驿站。我们不能因面临高潮而过分兴奋，也不可因遇到低谷而过分颓废。对于生命中的一个个起点和终点都保持良好的平常之心，这才是智慧人生的法宝。

人生是短暂的，"天地曾不能以一瞬"，我们不能延展生命的长度，但可以拓宽生命的宽度。我们要让短暂的生命像流星一样划过天空留下亮丽的光线。人生之路虽然崎岖坎坷，但从来不会让人绝望。人生不要惧怕迷惑，更不应忧虑失败，因为路就在脚下，跌倒了，再站起来，譬如爬山，从山下任何一个地方向上攀登，都能抵达峰巅；仿佛航海，从任何一片水域起航，都能到达彼岸。

人生处处是起点。人到中年，只不过意味着一段时间的终结，但这无疑又是一个新的起点。既如此，何不淡忘那些曾经辉煌，抑或落魄的记忆，迎着新的起点欣然迈进呢？